미니
100배
즐기기

청정 비치 품은 완벽한 휴양섬
사이판

성희수 지음

RHK
알에이치코리아

작가소개

성희수

여행작가 겸 여행큐레이터. 한국에서 9년간의 직장 생활을 접고 2004년 훌쩍 여행을 떠났다. 태국 방콕에 살면서 동남아시아 여행을 다닌 것이 11년. 동남아시아 사람들의 훈훈한 인심과 아름다운 자연, 중독성 있는 먹을거리, 가격 대비 만족도 높은 호텔, 편리한 관광 인프라에 빠져 한국에 돌아온 요즘도 여전히 동남아시아로 가는 항공권을 알아보는 동남아시아 마니아!

여행큐레이터로 자신은 물론 다른 사람마저도 동남아시아로 향하게 하는 재주가 있는 그녀가 사이판의 매력에 흠뻑 취해 그 아름다움을 소개하는 데 앞장서고 있다. 틈만 나면 여행 가방을 꾸리고, 발 딛고 서 있는 여행지의 장점을 먼저 찾아보며, 사람들과 어울리기 좋아하는 그녀는 언제나 지도를 펼쳐놓고 새로운 길을 탐험할 때 가장 행복하다. 여행작가로 경험한 모든 것을 여행자들과 함께 공유하길 간절히 바란다.

홈피 http://blog.naver.com/heesu103, www.facebook.com/travelsu

저서

⟨괌·사이판 100배 즐기기⟩, ⟨푸껫 100배 즐기기⟩, ⟨방콕 100배 즐기기⟩, ⟨치앙마이 100배 즐기기⟩, ⟨3박 5일 해외여행⟩, ⟨태국 음식에 미치다⟩(알에이치코리아)

Prologue

1999년 초여름, 회사 생활 4년 차에 접어들면서 반복되는 업무에 권태로움을 느끼고 있을 무렵이었다. 무심코 버스정류장 앞 가판대를 바라보는데 진열된 잡지 표지 중에 유독 눈길을 끄는 사진이 있었다. 하늘로 쭉쭉 뻗은 야자수, 하늘보다 더 맑은 에메랄드빛 바다, 노란 파라솔 아래서 휴식을 취하고 있는 미녀들….

그 후 10년 넘게 동남아시아를 여행할 때마다 사진 속 그곳은 어디일까 늘 생각했고, 어느 날 그곳이 바로 남태평양의 작은 섬 사이판에 있는 마나가하 섬이라는 것을 알게 되었다. 동남아시아와 지독한 사랑에 빠져 있던 때라 언젠가 가보리라 마음먹고 미뤄두었던 남태평양의 섬들. 2012년 늦은 봄, 마음에 품고 있던 그곳으로 떠났고, 그해 가을에 ⟨괌·사이판 100배 즐기기⟩를 세상에 내놓았다. 그 뒤로 수시로 북마리아나 제도를 드나들며 그 매력을 더하고 더해 이렇게 몇 년간의 노하우를 집약한 ⟨사이판 미니 100배 즐기기⟩를 출간하게 되었다.

원고가 진행되는 동안 시시때때로 내 마음은 사이판의 절경 앞에 가 있었고, 또 스노클링 하며 열대어를 만나고 있었다. 누군가 사이판의 매력에 대해 묻는다면 절로 고개를 숙여 겸손해질 수밖에 없는 아름다운 자연이라고 말하고 싶다. 책을 보는 독자들 모두가 이 매력에 흠뻑 빠져봤으면 좋겠다.

Thanks To

언제나 그랬듯 출장 중에 많은 일들이 있었지만 돌이켜보면 고마운 마음이 먼저 듭니다. 현지 취재에 도움을 주신 각 호텔·리조트의 현지 마케팅 담당자분들, 불쑥 찾아가 레스토랑 취재 요청을 드려도 흔쾌히 OK해주신 사이판 현지 운영자분들, 그리고 여행자에게 따뜻한 웃음을 보여준 현지인분들에게 진심으로 감사를 드립니다.

Special Thanks To

내 마음속 스페셜 땡큐의 1순위는 언제나 사랑하는 가족입니다. 저를 세상에 있게 하고, 사이판까지 보내주신 부모님 감사드리고 사랑합니다. 물심양면으로 취재 지원해주신 트래블 수의 성훈 대표님 감사합니다.
취재 기간 동안 함께 취재하고 사진 촬영해주신 김철성 작가님, 노범용 님께 무한 감사를 드립니다. 취재 전 자료 정리를 도와준 백효은 님과 모든 문제를 척척 해결해주신 사이판의 해결사 예스 투어 홍진규 소장님. 급박한 질문에 언제나 친절히 답을 주는 이은경 실장님 감사합니다. 뚜벅이 신세를 면하게 해주신 상지렌터카 김영태 사장님께도 감사를 전합니다. 현지에서 노숙할 뻔한 저희 취재팀에게 시원한 잠자리를 제공해주신 하얏트 리젠시 김기영 님께도 하트 백 만개 보냅니다. 감사합니다.
마지막으로 아기자기한 예쁜 가이드북을 만들어준 RHK 여행출판팀과 담당 편집자 최혜진 님께 감사드립니다.

일러두기

〈미니 **100**배 즐기기〉는?
가이드북도 미니멀리즘이 대세! 〈미니 100배 즐기기〉는 〈100배 즐기기〉의 세컨드 시리즈로, 꼭 필요한 정보만 알뜰히 담아 볼륨을 줄인 콤팩트 가이드북입니다. 한눈에 쏙, 한손에 쏙, 미니백에 쏙 들어오는 크기로 가뿐하게 휴대하면서 여행 정보는 꼼꼼합니다. 이제 휴양지 여행, 이 한권으로 충분합니다.

정보 문의

이 책은 〈괌 · 사이판 100배 즐기기〉의 사이판 파트를 중심으로 내용을 대대적으로 보완하고 새롭게 디자인하여 구성한 것입니다. 책에 실린 여행 정보는 2017년 6월까지의 추가 취재를 바탕으로 한 것입니다. 정확한 정보를 싣기 위해 노력했지만, 현지의 물가와 여행 정보는 끊임없이 변하기 때문에 변동 사항이 생길 수 있습니다. 여행 중 잘못된 정보를 발견한다면 아래 메일로 제보해주시길 바랍니다. 독자 분들이 보내주신 최신 정보는 최대한 빨리 업데이트하도록 노력하겠습니다.

알에이치코리아 편집부 hjchoi@rhk.co.kr
저자 이메일 heesu103@naver.com

화폐 표기

현지 화폐인 달러 '$'로 표기했습니다. 숙소의 경우 성 · 비수기나 요일에 따라 표기된 금액과 다소 다를 수 있습니다.

지도 읽기

이 책의 지도에 사용하는 기호는 아래 항목을 나타냅니다.

- ⊙ 볼거리
- ⊕ 쇼핑
- ⊕ 레스토랑
- ⊘ 나이트라이프
- ⊙ 마사지 · 스파
- ⊙ 호텔 · 리조트
- ● 랜드마크 · 기점

파트 구성

Hello! Saipan
사이판 매력 탐구

여행 가기 전에 알아두면 쓸모 있는 상식들. 사이판 위치별 특성, 별미, 쇼핑 필수템, 옵션 투어, 버킷리스트 등 사이판을 한눈에 파악하도록 도와줍니다.

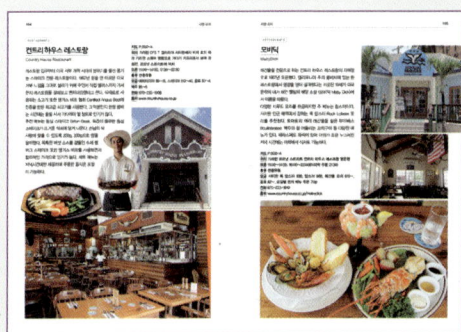

Here is Saipan
지금 여기, 사이판

일일이 발품 팔아 모은 현지 여행 정보들. 사이판 관광의 중심지인 가라판과 가라판 외 지역으로 나눠 볼거리, 쇼핑, 맛집, 숙소 정보를 꼼꼼히 정리했습니다.

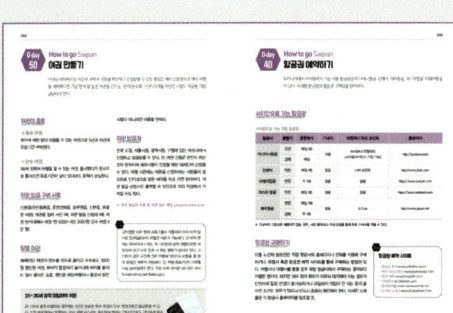

How to go Saipan
사이판 여행 준비

항공권·호텔·투어 예약하기부터 여권 준비, 환전하기, 짐 꾸리기까지 여행 준비 항목을 D-DAY로 정리해 차근차근 준비할 수 있도록 했습니다.

CONTENTS

Hello!
Saipan
사이판
매력 탐구

Hello!
Saipan

사이판 매력 탐구

01 Hello! Saipan
사이판 한눈에 보기

사이판 지역의 특징을 알면 여행 플랜을 짜기 한결 쉬워진다. 사이판 관광의 중심지인 가라판을 기본으로 남부·중부·북부 지역의 특징을 한눈에 살펴본다. 이 책의 지역 가이드 파트인 'Here is Saipan'에서는 편의상 가라판 지역, 가라판 외 지역으로 나누었다.

사이판 최고의 번화가, 가라판

명실공히 사이판 관광의 중심지. 대형 리조트와 호텔을 중심으로 레스토랑과 쇼핑센터, 마사지숍 등 여행자들의 편의시설이 집중돼 있다. 여기에 눈부신 마이크로 비치, 가라판 앞바다에 떠 있는 마나가하 섬 풍광 등 천혜의 자연까지 품고 있다.

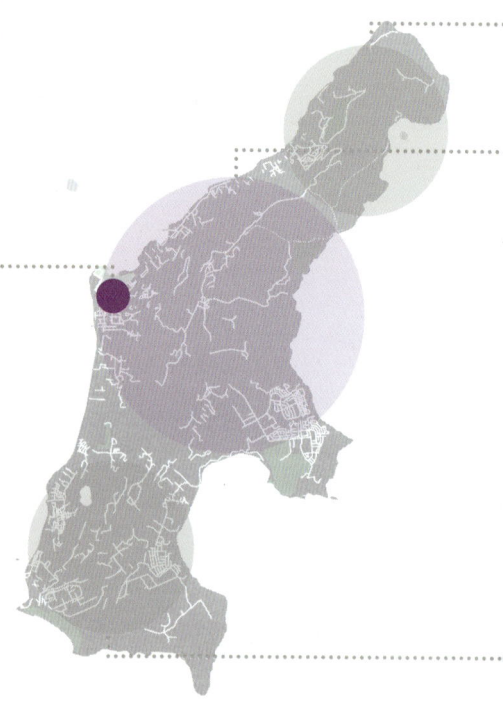

절경을 품은 명소, **북부 지역**

볼거리 관광을 하고 싶다면 반드시 북부 지역으로 떠날 것. 만세 절벽, 자살 절벽, 버드 아일랜드, 한국인 위령탑, 사이판 그로토 등 마피산과 아름다운 해안선을 따라 절경을 품은 명소들이 많다.

타포차우산의 아름다움, **중부 지역**

사이판 최고봉인 타포차우산을 중심으로 순수한 자연이 남아 있는 곳. 드라이빙, ATV, 정글 투어 등 현지 액티비티 프로그램을 이용해 둘러볼 수 있다. 현지인들이 신성하게 여기는 성모 마리아상과 제프리스 비치 등 사이판의 또 다른 면모를 볼 수 있다.

사이판국제공항이 있는 **남부 지역**

사이판 행정의 중심지인 수수페 지역과 사이판국제공항을 포함한다. 한국인 여행자들에게 절대적인 인기를 누리는 퍼시픽 아일랜드 클럽(PIC) 사이판이 남부에 있고, 한적한 아름다움의 래더 비치와 오브잔 비치가 있다. 관광객으로 붐비는 가라판보다 차분한 분위기.

Tip

동해보다 서해가 발달한 사이판

남북으로 가늘고 긴 형태의 사이판 섬은 동해보다 서해에 호텔·리조트를 비롯해 각종 부대시설이 몰려 있다. 주민 대부분의 거주지도 서해에 몰려 있는데, 이는 지형상의 이유가 크다. 동해안은 바위 절벽과 암초로 구성된 데 반해 서해안은 지형이 평탄해 바다와 만나는 비치도 완만한 모래 해변이다. 사이판의 유명한 리조트와 가라판, 수수페 등의 중심가가 유독 서해에 몰려 있는 이유다.

사이판 비치 한눈에 보기

휴양지는 역시 비치에 대한 로망을 빼놓을 수 없다. 비치별 특징과 위치를 한눈에 보기.

 마이크로 비치
Micro Beach

사이판 본토에서 가장 유명한 해변. 호텔과 리조트, 레스토랑, 쇼핑센터 등 여행자들의 편의 및 휴양 시설이 집중된 가라판 중심부에 위치한다. 1km에 이르는 순백의 모래사장과 타나팍 리프가 들여다보이는 투명한 에메랄드빛 바다로 유명하다. 곳곳에 스포츠숍이 있어 스쿠버 다이빙, 스노클링, 윈드서핑, 제트스키 등 각종 해양 스포츠를 즐기거나 소형 보트를 타고 마나가하 섬 투어를 다녀올 수 있다.

 킬릴리 비치
Kilili Beach

해안을 따라 아름드리나무가 많아 머리 위로 서늘한 그늘을 드리운다. 제2차 세계대전 당시 일본군이 사용하던 탱크가 잠겨 있다는 바다이기도 하다. 수심이 낮아 스노클링을 즐기는 사람들이 많고, 해안을 따라 산책하는 현지인들도 보인다.

슈가독 비치
Sugar Dock Beach

널리 알려지지 않은 사이판 중부의 일몰 포인트. 붉게 물든 남국의 바다와 하늘이 여행자의 감성을 적신다. 샤워 시설과 식사 테이블이 마련돼 현지인들의 나들이 명소로도 사랑받는다. 휴일이면 물놀이와 바비큐를 즐기거나 스쿠버 다이빙, 스노클링을 위해 찾아오는 여행자들도 많다.

래더 비치
Ladder Beach

해안 길이 100m 정도의 아담한 해변. 절벽 아래 자연적으로 형성된 동굴 덕에 유명세를 탔다. 래더 비치 표지판을 따라 계단을 내려가면 동굴이 나오는데 오랜 세월 동안 파도가 깎고 다듬은 풍경이 신비롭다. 볕이 뜨거운 한낮에도 내부는 굉장히 서늘하며 주말에는 바비큐를 즐기는 현지인을 만날 수 있다. 티니안 섬을 가까이에서 조망할 수 있으나 해수욕은 추천하지 않는다.

오브잔 비치
Obyan Beach

별 모양으로 깎인 산호 모래가 쌓여서 만들어진 해변. 래더 비치에서 조금 더 동쪽에 위치하며 티니안 섬을 조망할 수 있다. 해변에서부터 걸어 들어가 스쿠버 다이빙을 즐길 수 있어 전 세계 다이버들에게 사랑받는 유명 포인트이고, 가까운 바다에서도 많은 물고기를 볼 수 있어 스노클링하기에도 안성맞춤. 다만 접근성이 좋지 않은 편이라 스쿠버 다이빙 등의 목적이 아니라면 찾기 쉽지 않다.

파우파우 비치
Pau Pau Beach

사이판 북부에 위치한 한적한 해변. 파우파우는 차모로어로 '향기롭다'는 뜻이다. 이름만큼이나 풍경도 어여뻐 사랑을 속삭이는 연인들의 데이트 코스로 사랑받는다. 에메랄드 빛 바다는 수심이 얕고 파도가 잔잔해 스노클링하기에 좋다. 주말에 찾는다면 현지인들의 여유로운 피크닉과 바비큐 문화도 엿볼 수 있다.

제프리스 비치
Jeffrey's Beach

절벽을 양 옆에 둔 아늑한 분위기의 해변. 한국 드라마 〈여명의 눈동자〉 촬영지로도 유명하다. 해변의 왼쪽 절벽은 콧날이 오똑한 서양인, 오른쪽은 할머니의 옆모습과 닮았다. 비치 주변으로 초가집 모양을 비롯해 고릴라, 악어 등 재미난 모양의 바위가 많다. 해수면이 육지보다 높아 보이는 착시 현상을 경험할 수 있으며, 사람이 바다에 가까이 가면 파도가 거칠어진다는 말이 전해진다.

마나가하 비치
Managaha Beach

사이판 여행의 하이라이트이자 필수 코스로 꼽히는 마나가하 섬의 해변. 가라판 중심지에서 배를 타고 15분이면 닿는다. 세계에서 가장 아름답다는 풍광도 으뜸이지만, 천혜의 자연 속에서 패러세일링이나 스쿠버 다이빙 등 다양한 해양 액티비티를 즐길 수 있는 것도 큰 장점. 먼바다까지 나가도 수심이 가슴께를 넘지 않아 스노클링하기에도 더할 나위 없다.

02 Hello! Saipan
알아두면 쓸모 있는 사이판 상식

사이판 여행을 검색하다가 한번쯤 가져봤을 법한 의문들. 잘 정리된 사이판 상식이 있다면 더 이상 헤매지 않아도 좋다!

사이판 주소는 있다? 없다?

사이판 현지에서 구글맵을 이용해 찾아가려는 장소의 명칭을 찍어보았지만 주소는 나오지 않고 우체국 사서함 번호뿐이다. 레스토랑 명함 어디에도 주소는 없다. 이처럼 사이판에서 주소는 일반적으로 사용되지 않는다. 그럼 어떻게 목적지를 찾아갈까? 재미있게도 한국의 옛날 방식처럼 "○○ 골목의 끝 집, 감나무 옆 레스토랑" 등의 표현을 쓴다. 덕분에 비치 로드, 미들 로드 등의 길 이름이나 대형 리조트, 랜드마크 등이 위치 설명할 때 중요함은 물론이다.

물가는 한국과 비슷한 수준

사이판의 물가는 한국과 비슷하거나 약간 더 비싼 수준이다. 500ml 생수 한 병이 약 $1~3, 컵라면 $1~3, 햇반 $1.5~3 정도이고, 보편적인 레스토랑의 샐러드가 $10~12, 고급 레스토랑에서의 랍스터가 $80 정도이다.

Tip

주요 응급 연락처

- 사이판 소방서(가라판) 670-664-9076
- 사이판 경찰(수수페) 670-234-9000
- 응급 상황 911

45일 이내 여행은 비자 면제

사이판 여행 기간이 45일 이내라면 비자 면제 프로그램이 적용되어 비자 없이 여행할 수 있다. 단, 기내에서 북마리아 제도 미국 연방 비자 면제 신청 서류를 작성해야 한다. 입국 시 여권 유효 기간이 6개월 이상 남아 있어야 하고, 미국 비자가 있는 경우 챙겨가는 것이 좋다.

매너 지키는 팁, 적정선은?

호텔에서는 매일 침대 하나당 $1~2 정도의 매너 팁을 지불하는 게 좋다. 포터에게는 짐 하나당 $1가 적당하다. 입구에서 택시를 불러주거나 발레파킹 서비스를 해주는 경우에도 $1~2선. 택시의 경우 보통 미터기에 찍힌 금액의 10~15% 정도를 팁으로 주며, 짐을 실어줄 경우 짐 하나당 $1 정도 지불한다.

섬 전체가 면세 구역

사이판은 섬 전체가 세금이 붙지 않는 면세 구역이다. 따라서 어느 상점에서든 면세 혜택을 받을 수 있다. 대형 쇼핑센터가 주를 이루는 괌에 비하면, 사이판의 쇼핑 공간은 규모가 작은 편집숍이 많은데 덕분에 지인을 위한 작은 기념품을 사기에는 더할 나위 없다. 사이판 지역에서 생산하는 다양한 특산물을 비롯해 노니를 원료로 하는 비누, 샴푸, 티 등도 선물용으로 으뜸이다.

사이판 = 북마리아나 제도

사이판과 북마리아나 제도라는 명칭을 혼용하기 때문에 간혹 헷갈리는데, 결론은 둘 다 맞다. 북마리아나 제도는 괌 섬을 제외한 15개의 화산 섬으로 이루어진 마리아나 군도를 가리키는데, 사람이 사는 섬은 사이판, 티니안, 로타 세 곳이다. 북마리아나 제도를 대표하는 가장 큰 섬이 사이판인 셈. 정식 명칭은 북마리아나 제도 미국 연방 The Commonwealth of the Northern Mariana Island이다.

버튼을 눌러야 바뀌는 신호등

사이판의 횡단보도는 우리나라와 같이 자동이 아니라 필요한 경우 버튼을 누르면 신호가 바뀌는 방식이다. 신호등 주변을 살펴보면 인근 전봇대의 보행자 그림을 볼 수 있는데 그 아래쪽의 버튼을 누르면 신호가 바뀐다.

현지 유심 vs 포켓 와이파이

사이판국제공항이나 가라판 시내의 IT&E 통신사에서 유심칩을 구매하거나 포켓 와이파이를 대여할 수 있다. 4일 간 무제한 데이터 사용이 가능한 유심칩 가격은 약 $20 정도. 1GB 사용 가능한 유심칩은 $10 정도 가격이다. 포켓 와이파이 대여는 1일 $10로 유심칩에 비해 비싼 듯하지만 최대 15명이 동시에 접속 가능하니 동행인과 상황에 따라 합리적으로 선택하면 된다.

1년 내내 여름 날씨

연평균 기온 약 26~27℃로 1년 내내 여름 날씨가 계속된다. 뜨거운 한낮에는 32℃까지 오르는데 밤에는 21℃를 유지해 선선한 느낌이다. 웬만한 건물 안은 냉방 시설이 잘 되어 있어 외부와의 온도 차이가 큰 편이라 얇은 점퍼 하나 정도는 준비하는 게 좋다. 5월부터 10월까지의 우기와, 11월부터 4월까지의 건기로 나뉜다. 건기에는 간간히 스콜이 내리기도 하지만 아주 잠깐 쏟아지는 정도이고, 우기에는 건기보다 습도가 높고 스콜이 빈번히 내리지만 여행에 지장을 주는 정도는 아니다. 9월 말에서 10월 초에는 태풍이 오기도 한다.

숫자로 보는 사이판

비행 시간

약 **4**시간 **30**분

한국에서 동남쪽으로 약 3000km 거리로 비행 시간은 약 4시간 30분.

시차

1시간

한국보다 1시간 빠르다. 즉, 한국이 오전 10시일 때 사이판은 오전 11시다.

면적

약 **115.38** km²

거제도의 약 1/3 크기. 남북으로 20km 길이와 동서로 9km의 폭을 가지고 있어 남북으로 가늘고 긴 형태다.

전압

110 v

우리나라 가전 제품은 220v 기준이므로 전기 제품 사용 시 100v 전용 어댑터인 일명 '돼지코'를 준비해야 한다.

03 Hello! Saipan

지금, 사이판으로 떠나는 이유

사이판의 인기가 쉼 없이 오르는 이유는? 놀고 싶고 쉬고 싶은 모든 여행자를 위한 파라다이스, 사이판의 매력을 낱낱이 살펴보자.

괌 vs 사이판, 어떻게 다를까?

가족 여행자들이 선호하는 괌과 사이판은 어떻게 다를까? 단순히 분위기만 놓고 보면 괌에 비해 사이판은 좀 더 아담하고 여유로운 편. 두 곳의 대표 숙소인 괌 PIC와 사이판 PIC를 비교해도 역시 사이판 PIC 시설이 아담한 만큼 한적한 휴가를 보내고 싶은 여행자들에게는 만족스럽다.

바다와 인접한 대형 호텔·리조트

사이판은 대형 호텔과 리조트의 집결지! 대형 호텔·리조트는 가족 여행객을 위한 워터파크, 키즈클럽, 베이비시터 시스템 등 다양한 부대시설과 서비스가 큰 장점이다. 대부분 에메랄드빛 바다에 인접해 있어 숙소 앞 비치에서 놀다가 아늑한 객실로 돌아와 아름다운 선셋을 바라보는 낭만을 실현할 수 있다.

바다부터 정글까지 액티비티 천국

대자연 속에서 다양한 액티비티를 즐길 수
있다. 스노클링이나 스쿠버 다이빙처럼 비
교적 접하기 쉬운 해양 레포츠부터 시워커,
수중 스쿠터, 잠수함 등 색다른 투어 프로
그램까지 다양하다. 뿐만 아니라 정글 투어,
익스트림 오프로드 어드벤처 투어 등 지상
레포츠도 알차서 가히 레포츠 천국이라 불
릴 만하다.

세계인을 위한 다국적 레스토랑

전 세계인이 즐겨 찾는 국제적인 휴양지답게 다양한 입맛을 만족시키는 다국적 요리가 풍성하다. 신선한 시푸드를 활용한 퓨전 요리나 고소한 육질을 즐기는 스테이크, 냉동하지 않은 참치회도 맛있다. 일본 음식의 영향을 받아 스시, 라멘 등 일식도 풍성한 편. 바비큐를 맛보며 민속춤 공연을 감상하는 디너쇼도 인기인데, 마리아나 제도의 원주민인 '차모로족' 고유의 전통 요리도 꼭 맛볼 것.

명품부터 기념품까지 면세 쇼핑

사이판 여행을 대표하는 아이콘 중 하나가 바로 '쇼핑'이다. 섬 전체가 면세 구역으로 쇼핑몰, 아웃렛, 전통시장 등 쾌적한 환경의 다양한 스폿에서 쇼핑을 즐길 수 있다. 명품과 유명 브랜드 제품은 DFS T 갤러리아 사이판, 기념품과 먹을거리는 아이 러브 사이판과 조텐 쇼핑센터, 전통 수공예품과 로컬푸드는 가라판 스트리트 마켓을 추천한다.

다양한 가격대로 즐기는 마사지·스파

다양한 가격대의 마사지와 스파
도 사이판 여행을 기대하게 한다.
가족 단위 여행객이 많기 때문에
가족이 함께 마사지를 받을 수 있
는 가족실이나, 어른이 마사지를
받는 동안 아이는 만화를 보거나
게임하며 기다릴 수 있는 별도의
공간을 마련해두기도 한다.

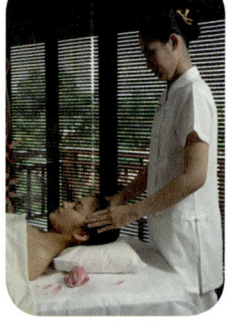

오픈카의 로망을 실현하는 드라이브 여행

사이판에서는 국제운전면허증을
발급받을 필요 없이 한국 운전면허
증으로 최대 45일간 자동차를 렌
트할 수 있다. 거제도의 1/3 크기
섬이라 2~3시간이면 어렵지 않게
섬을 일주할 수 있다. 사이판의 대
표 관광지 위주로 돌아본다면 북부
로, 한적한 비치를 원한다면 남부
를 추천한다.

섬 속의 섬, 절경의 마나가하 섬

사이판 주변에 콕콕 박혀 있는 섬들도 사이판의 매력을 더욱 돋보이게 한다. 그중에서도 마나가하 섬은 사이판의 진주, 남태평양의 보석 등 수많은 수식어를 가진 절경의 섬. 마나가하 섬에 안 가면 사이판은 가나 마나 한 섬이라는 말이 있을 정도이니 투어를 통해 꼭 가볼 것.

사이판의 밤은 낮보다 아름답다

사이판에는 가족과 함께 즐길 수 있는 야간 쇼를 비롯해 클럽, 바 등 밤에 즐기기 좋은 스폿들이 있다. 라스베이거스 마술 쇼의 진수를 볼 수 있는 샌드캐슬 쇼가 대표적이며, 최근 여행객을 위한 클럽과 바도 속속 들어서고 있는 추세. 동남아시아 등의 다른 휴양지에 비해 유흥 문화가 발달한 편은 아니지만, 현지인이 즐겨 찾는 펍에서도 이국의 여유로운 밤을 만끽할 수 있다.

Hello! Saipan
꼭 맛봐야 할 사이판 별미

끼니때마다 행복한 고민에 빠지는 사이판 여행. 스페인 통치와 일본·미국의 영향을 받은 섬이라는 특성상 시푸드가 신선하고 다국적 요리가 공존해 여행자들의 입맛을 즐겁게 한다.

생 참치회

이제까지 우리가 맛본 참치회의 99%가 냉동이다. 사이판은 바다에서 바로 건져 올린 생 참치회가 명물. 쫀득쫀득 신선하고 고소한 참치회가 입에 착착 붙는다.

미국식 브랙퍼스트

팬케이크, 토스트, 샌드위치 등 간편하게 즐길 수 있는 미국식 브랙퍼스트가 다양하다. 기분 따라 입맛 따라 골라 먹기 딱 좋다.

미국식 스테이크·립·버거

부드러운 육질과 풍부한 육즙! 스테이크를 잘 굽는 레스토랑이 많아서 '사이판에서 인생 스테이크 맛봤다'고 하는 여행자들이 꽤 많다. 립이나 버거 맛도 굿!

신선한 시푸드

인근 해역에서 잡히는 랍스터를 별다른 양념 없이 찌거나 구워 내오고, 쉬림프를 굽고 튀기고 파스타에 넣는 등 다양한 요리로 선보이기도 한다. 무엇보다 신선하기에 두 말이 필요 없는 맛!

라임 소주

알싸한 소주에 새콤한 라임즙을 짜 넣은 라임 소주는 요즘 사이판 한식당 어느 곳을 막론하고 '대세' 메뉴. 참치회와 함께 즐기면 특히나 찰떡궁합이다.

일본식 스시·라멘·우동

신선한 해산물 덕에 더욱 맛좋은 스시, 깊은 국물 맛의 라멘, 바삭한 튀김을 올린 우동까지 사이판에서 일식을 빼놓으면 섭섭하다.

바비큐와 원주민쇼

사이판의 파티나 축제 때 빠지지 않고 등장하는 바비큐! 주로 육류나 해산물이 바비큐의 재료가 되며, 전통 복장의 원주민쇼를 함께 보는 뷔페 스타일 바비큐도 사랑받는다.

사이판의 전통 차모로 음식

포키

참치회에 라임즙, 피시 소스, 파 등을 넣어 새콤하고 짭짤하게 버무린 음식. 기호에 따라 매콤한 핫 페퍼를 첨가하기도 한다.

켈라구엔

소고기, 닭고기 등 육류나 생선, 문어 등의 해산물을 간장, 고추, 양파 소스에 절이고 코코넛 밀크, 고추, 오이 등을 얹어 맛을 낸 요리. 가장 대중적인 차모로 음식으로 꼽힌다.

서클링 피그

새끼 돼지를 통으로 구운 바비큐 요리. 겉은 바삭하고 속살은 촉촉하고 부드러우며, 차모로인의 축제 음식으로 사랑받는다.

레드라이스

사이판에서 흔히 먹는 붉은 밥. 아초테 Achiote 씨에서 짜낸 붉은 즙을 넣어 밥을 짓는다. 스페인의 영향을 받은 음식으로 바비큐, 샐러드 등과 곁들여 먹는다.

아피기기

일명 '코코넛 찹쌀떡'으로 불리는 차모로인의 전통 디저트로 사이판 야시장의 인기 메뉴 중 하나. 바나나잎을 벗기고 먹는 아피기기는 쫀득하고 달콤해서 한국인의 입맛에도 잘 맞는다.

에스카베체

패럿 피시 parrot fish 등의 생선을 통째로 튀긴 후 파와 소스 등을 얹어 먹는 요리.

피나데니 소스

'어머니의 맛'이라고도 부르는 차모로식에 빠져선 안 될 소스. 간장에 레몬, 식초 등을 더하고 고추, 양파 등을 잘게 썰어 넣어 만든다. 매콤하고 새콤해서 한국인의 입맛에도 잘 맞는 편이다.

칼라만시 쿨러

북마리아나 제도에서 생산되는 라임인 '칼라만시'를 주재료로 한 음료. 매우 상큼하고 새콤한데 시럽을 넣으면 달달한 맛과 조화를 이룬다.

커두

해산물을 주재료로 코코넛 밀크와 북마리아나 제도에서 재배되는 채소를 넣고 볶은 음식이다. 코코넛 밀크의 부드러운 맛이 풍미를 좋게 한다.

투바

코코넛을 이용해 발효시킨 전통 와인으로 우리나라 막걸리와 비슷한 맛이 난다. 오래 숙성해 식초로 사용하기도 한다.

Tip

차모로 음식은 북마리아나 제도의 원주민인 차모로인이 즐겨 먹던 음식이다. 한국의 파와 비슷한 그린 어니언을 비롯해 매운 고추, 코코넛, 칼라만시 등의 재료가 고유의 맛을 낸다.

사이판의 열대 과일

샤워숍

'그라비올라'라는 이름으로도 불리는 과일. 하얀 속살에 검은 씨가 있다. 신맛이 거의 없는 요거트와 비슷한 맛.

파파야

푸른빛이 돌 때는 열매를 따서 샐러드로 먹고, 살짝 붉은 노란색이 되면 달콤한 과육을 먹는다. 씨를 많이 품고 있는 모양이 자궁을 닮았다고 해서 여자에게 특히 좋다고.

스타프루트

잘라놓은 단면이 별 모양을 닮아서 '별사과'라고 불린다. 사과와 거의 비슷한 맛으로 익을수록 노란빛이 강해진다.

코코넛

코코넛에 빨대를 꽂아 과즙을 주스처럼 마시고, 과육을 잘라 먹기도 한다. 현지인들은 하얀 과육을 와사비 간장에 찍어 먹기도 하는데, 그야말로 고소한 회 맛이랑 비슷하다.

라임

레몬처럼 상큼한 맛에 비타민 C가 풍부한 라임은 육류, 생선 요리에 뿌려 먹기 좋다. 요즘 사이판 한식당에서는 라임을 소주에 넣어 그 상큼한 맛과 향을 즐긴다.

빵나무

식량이 넉넉지 않던 시절 원주민의 주식이었다는 빵나무 bread tree 열매는 굽거나 쪄 먹으면 정말로 빵 맛이 난다. 사이판 시내 마켓에서 빵나무 과자를 판매하기도 한다.

05

Hello! Saipan

이건 꼭 사야 해! 사이판 쇼핑 필수템

미국령이기에 저렴하게 득템할 수 있는 미국 브랜드부터 휴양지 매력이 듬뿍 묻어나는 사이판 특산품까지 "어머, 이건 꼭 사야 해!"하고 외치게 만드는 사이판 필수템이 모두 모였다.

요기 티

미국과 유럽에서 다이어트 차로 유명한 브랜드. 100% 유기농 원료를 이용해 제조하며, 운동하고 마시면 건강에 더욱 좋다고 알려져 있다.

마카다미아 너츠 & 너츠 스낵

일조량이 풍부해야 향이 깊어지고 오독오독 식감이 좋아지는 마카다미아. 최대 생산지인 하와이에서 건너온 '마우나로아' 마카다미아를 비롯해 각종 너츠 스낵을 만날 수 있다.

바나나보트 선크림

사이판의 강렬한 태양으로부터 피부를 보호하는 방법! 바로 자외선 차단 지수 SPF 50+ 이상의 선크림이다. 미국 브랜드 '바나나보트'를 선호한다.

노니 용품

신비의 열매로 알려진 '노니'를 원료로 한 비누, 세안제, 오일, 립밤, 티 등이 대표적이다. 사이판 특산품이니만큼 안 사면 후회할 베스트 아이템.

초콜릿

잘 알려진 '고디바' 초콜릿도 많이 구매하지만 '사이판' 초콜릿의 맛도 훌륭하다. 한국인에게 인기 있는 '하와이안 호스트' 초콜릿까지 사이판에서 초콜릿 쇼핑은 더없이 즐겁다.

말린 망고

달콤한 과즙의 망고를 마음 같아선 가방 가득 넣어가고 싶지만, 알다시피 씨앗 있는 과일은 한국으로 반입 금지! 대신 쫀득쫀득 말린 망고를 맘껏 담아가자.

마그네틱 & 열쇠고리

기념품으로 너무 흔하다고? 직접 보면 너무 귀여워서 고루한 기념품이라는 편견이 사라지고, 어느덧 선물하고 싶은 사람들의 얼굴이 떠오른다. 사이판의 매력이 뚝뚝 떨어지는 귀요미들로 골라보자.

비치웨어 & 비치 액세서리

해변의 패션을 완성해줄 가장 사이판다운 비치웨어와 비치백, 비치 액세서리 등이 시선을 사로잡는다. 유아용 비치웨어도 너무 앙증맞다. 이 기회에 아이와 함께 패셔니스타에 도전!

버츠비 보습제 키트

건조한 입술에 필수인 립밤 등을 포함한 버츠비 보습제 키트. 잘 알려진 브랜드이니만큼 사이판에서도 인기 만점.

바나나칩

달콤하고 바삭한데 저렴하기까지 해서 해외 휴양지에서 언제나 인기 있는 바나나칩. 맥주 안주로 더할 나위 없고 출출할 때 간식으로도 그만!

투바(코코넛와인)

코코넛을 발효시켜 만든 차모로족의 전통주 '투바'는 우리나라 막걸리와 비슷한 맛이 난다. 코코넛 열매를 활용한 병도 예쁘고 한번쯤 맛볼 만하다

코코아 & 커피

코코아와 커피가 워낙 다양한 버전이라 마니아들의 눈이 번쩍 뜨인다. 헤이즐넛, 카푸치노는 기본이고 유기농 커피까지 취향껏 골라보자.

비타민제

미국의 종합 비타민제로 유명한 '센트룸'을 비롯해 '메이저' 등이 인기 브랜드. 부모님 생각나서라도 하나씩 담게 된다.

잭링크스 육포

두툼한데 질기지 않고 부드러워 결대로 쭉쭉 찢어 맥주와 먹기 딱 좋은 '잭링크스' 육포. 패퍼 향이 독특하거나 달달한 메이플이 첨가된 것 등 입맛대로 즐겨보자.

코코넛오일

다양한 효능만큼 쓰임새도 다양한 코코넛 오일. 촉촉한 피부를 위해 뿌리고 바르는 것은 기본! 식용유나 버터 대신 요리할 때 쓰기도 한다. 20여 분간 입에 머금고 있다가 뱉어내면 독소를 배출하는 오일풀링 효과로도 으뜸이라고 한다.

사이판 주요 쇼핑몰 비교

섬 전체가 면세 구역인 사이판. 어디로 가야 내가 원하는 제품을 찾을 수 있을까?
효율적인 쇼핑을 위해 사이판 주요 쇼핑몰 비교·분석하기.

DFS T 갤러리아 사이판
유명 브랜드가 집결한 대형 쇼핑몰, 테마별 구획화로 쇼핑 편리.
⋯ 의류, 잡화, 화장품, 향수, 초콜릿, 양주 등

아이 러브 사이판
DFS T 갤러리아 사이판 옆 대형 기념품 전문점.
⋯ 컵, 인형, 키홀더, 인테리어 소품, 수영복, 잡화, 과자, 컵라면 등

메이드 인 사이판
사이판 특산품과 액세서리가 있는 아기자기한 숍.
⋯ 그릇, 인테리어 소품, 각종 노니 제품 등

사이판 메이드
세련되고 깔끔한 인테리어의 오가닉 전문 숍.
⋯ 오가닉 커피·코코아, 노니 주스·샴푸·오일 등

ABC 스토어
생활용품과 기념품을 판매하는 편의점과 비슷한 개념의 스토어.
⋯ 의류, 슬리퍼, 각종 음료수, 컵라면, 골프공(기념품), 선크림 등

마리아나 오션
마리아나 리조트 & 스파에서 운영하는 홈스파 용품 매장.
⋯ 천연 향의 비누, 오일, 샤워젤, 샴푸, 립밤, 핸드크림 등

9922 사이판
왓슨, 부츠와 비슷한 드러그 스토어.
⋯ 비타민 등의 건강보조제, 의약품, 초콜릿, 말린 망고, 바나나칩, 유아용품 등

오가닉 사이판 노니
다양한 노니 제품을 갖춘 노니 전문 매장.
⋯ 노니를 원료로 한 주스, 비누, 차, 샴푸, 컨디셔너, 클렌징품, 오일, 코코넛 오일, 식초 등 각종 노니 제품

조텐 쇼핑센터
수수페 본점과 가라판 분점이 있는 할인마트와 백화점의 중간 개념.
⋯ 의류, 문구류, 신선 식품류, 잡화, 가전제품 등

Hello! Saipan
이것만 알면 숙소 고민 끝!

휴양지 여행 고민의 반은 '어디에서 묵으며 푹 쉴까?'이다. 합리적 숙소 선택을 위해 고려할 모든 것을 일목요연하게 정리했다.

사이판 숙소의 특징

대형 호텔의 격전지
작고 예쁜 부티크호텔이나 게스트하우스도 속속 생겨나고 있지만, 역시 사이판은 대형 호텔·리조트의 선호도가 압도적이다.

비치에 인접한 호텔·리조트
대부분의 호텔·리조트가 비치와 인접해 뷰가 좋고, 해양 레포츠를 즐기기에도 안성 맞춤.

동남아보다 다소 비싼 가격
동남아시아 동급 숙소와 비교하면 시설은 오래되었는데 다소 비싼 편. 하지만 미국령 의 사이판 물가를 동남아와 비교하는 것은 무리가 있다.

빵빵한 부대시설과 서비스
워터파크를 비롯해 키즈클럽, 베이비시터 서비스, 무료 해양 레포츠 강습, 어린이를 위한 이벤트 등 부대시설과 세심한 서비스, 안정된 시스템이 잘 갖춰져 있다.

잘 쓰면 편한 밀 카드
호텔 예약 시 추가 비용을 내고 밀 카드를 구입하면 투숙하는 동안 조식, 중식, 석식이 포함된 서비스를 받을 수 있어 편리하다. 어 른이 구입하면 동반 어린이는 연령에 따라 무료인 경우도 있으니 확인 필수.

내게 맞는 호텔·리조트 찾기

→ **가격** : 사이판의 호텔·리조트를 이용하는 평균적인 가격대는 하룻밤 약 10만 원 후반에서 20만 원 중반 정도. 충실한 부대시설과 서비스를 갖춘 4~5성급 대형 호텔·리조트는 20~30만 원대로 이용할 수 있다.

→ **위치** : 사이판은 가까운 거리라도 대중교통 수단이 부족하고 택시비가 비싼 편. 시내로의 이동이 잦다면 가라판 지역에 위치한 것이 편리하고, 숙소에 콕 박혀 대부분 부대시설만을 즐길 계획이라면 위치에 크게 구애받지 않아도 된다.

가격대 (1일 기준)	등급	숙소	위치	특징	수영장 시설
20~30 만 원대	5성급	하얏트 리젠시 사이판	사이판 가라판	마이크로 비치를 바로 앞에 둔 사이판 대표 호텔	수영장
		아쿠아리우스 비치 타워 호텔	사이판 남부	장기 투숙자나 가족여행객을 위한 고급 아파트먼트	수영장
10만 원 후반 ~ 20만 원대	4~5 성급	마리아나 리조트 & 스파	사이판 북부	안락한 자연 속 수영장, 레스토랑, 스파를 즐기는 리조트	수영장
		월드 리조트 사이판	사이판 수수페	5개의 레스토랑, 스파, 워터파크 등의 괜찮은 부대시설	워터파크
		퍼시픽 아일랜드 클럽(PIC) 사이판	사이판 수수페	휴양과 액티비티를 즐기는 한국인 선호 종합 리조트	워터파크
		켄싱턴 호텔 사이판	사이판 북부	최근 리모델링해 깨끗하고 모든 서비스가 포함된 올 인크루시브, 훌륭한 부대시설이 강점	슬라이드 수영장
		라오라오 베이 골프 & 리조트	사이판 중부	사이판 최고의 골프 코스와 모던하고 깨끗한 객실, 한국식 조식	수영장
10만 원 초·중반	3~4 성급	피에스타 리조트 & 스파	사이판 가라판	합리적 가격의 리조트 앞 전용 비치	수영장
		그랜드브리오 리조트 사이판	사이판 가라판	DFS T 갤러리아 사이판이 지척인 대규모 리조트	수영장
		세런티 호텔 사이판	사이판 가라판	가라판 최고의 위치와 우수한 가성비	없음
		카노아 리조트 사이판	사이판 수수페	넓은 객실, 전용 비치에서 즐기는 워터 스포츠	슬라이드 수영장
		하와이 호텔	사이판 가라판	미국식 가정집 느낌의 넓은 객실, 좋은 위치	없음
		센추리 호텔	사이판 가라판	자매 호텔 부대시설 이용 가능한 실속 호텔	없음
10만 원 미만	3성급	라이트 하우스	사이판 가라판	좋은 위치의 게스트하우스, 주변에 맛집 포진, 투어 신청 가능	없음
		다오라 게스트하우스	사이판 가라판	깨끗한 객실과 개별 욕실, 1층에 슈퍼마켓이 있는 게스트하우스	없음
		하나미츠 호텔 & 스파	사이판 가라판	가라판 스퀘어 중심지의 편리한 위치	없음

※ 각 호텔 요금은 비수기, 조식 불포함 기준이다. 일부 호텔에서 의무 포함 사항인 밀카드 가격은 객실 요금에 포함하지 않았다.

사이판 추천 숙소 한눈에 보기

1 하얏트 리젠시 사이판
Hyatt Regency Saipan

추천! 호화로운 남국 호텔의 하룻밤을 꿈꾸는 여행자

여행자들이 원하는 휴양지 숙소의 모든 조건을 갖춘 브랜드 호텔. 가라판 중심부에 위치한 데다가 마이크로 비치를 전용 해변처럼 사용하는 위치적인 장점도 크다. 일식당 미야코, 이탈리안 레스토랑 지오바니스 등이 입점해 있다.

세런티 호텔 사이판 2
Serenti Hotel Saipan

추천! 가라판 중심가에서 묵고 싶은 실속파 여행자

연일 예약률 90%를 넘는 사이판의 핫한 호텔로 가라판 최고의 위치를 자랑한다. 깔끔한 객실과 충실한 어메니티에 가성비 또한 우수해서 젊은 여행자들의 취향을 저격한다.

월드 리조트 사이판 3
World Resort Saipan

추천! 친숙한 분위기에서 원 없이 물놀이하고 싶은 여행자

한국의 한화호텔 · 리조트에서 운영하여 서비스나 시스템 등이 친숙하다. 무엇보다 워터파크는 사이판 최대로 둘째가라면 서러울 규모. 2m 높이의 파도풀을 비롯해서 유수풀, 플레이풀, 태닝풀, 스쿠버풀 등 어드벤처 시설이 다채롭다.

사이판국제공항 ✈

4 퍼시픽 아일랜드 클럽(PIC) 사이판
Pacific Islands Club Saipan

추천! 어린아이와 함께 떠나는 가족 단위 여행자

한국 여행자들에게 가장 인지도 있는 종합 휴양 리조트. 워터파크를 비롯한 대규모 액티비티 시설이 강점이다. 어른 2명이 숙박할 경우, 동반한 만 4~12세 어린이 2명까지의 추가 요금을 받지 않아 가족 단위 여행객에게 여러모로 매력적.

5 켄싱턴 호텔 사이판
Kensington Hotel Saipan

추천! 대형 리조트의 편리함을 두루 누리고 싶은 여행자

최근 리모델링하여 깨끗한 객실과 대형 리조트의 편리함까지 두루 갖추었다. 식사와 음료 등의 비용이 객실 요금에 포함된 올 인크루시브가 콘셉트라 체크인하는 순간부터 지갑을 열 필요가 없다. 슬라이드 수영장 등의 부대시설도 흠 잡을 데 없다.

6 라오라오 베이 골프 & 리조트
LaoLao Bay Golf & Resort

추천! 골프와 수영, 고급스러움까지 모두 누리고 싶은 여행자

골프 치는 아빠와 수영을 좋아하는 아이를 위해서라면 선택은 단연 이곳! 사이판 최대 규모의 골프장을 보유하고 있고 수영장, 레스토랑, 마사지숍, 슈퍼마켓의 부대시설이 돋보인다. 깔끔하고 고급스러운 객실 컨디션도 높은 점수를 받는다.

7 카노아 리조트 사이판
Kanoa Resort Saipan

추천! 만족도 높은 가족형 숙소를 찾는 대가족 여행자

예산을 절감하고 싶은 대가족 여행자들에게 적합하다. 수영장 워터 슬라이드와 전용 비치에서 해양 스포츠는 아이와 함께 즐기기 좋고, 너른 객실과 잘 조성된 정원은 어르신들에게 큰 점수를 딸 수 있다.

 Tip

호텔·리조트 이용할 때 알아두면 좋아요!

- 보통 체크인 시간은 오후 2~3시, 체크아웃 시간은 오전 11~12시.
- 체크인할 때 예약 확인증인 바우처를 출력해가면 편해요.
- 보증금 개념으로 현금이나 신용카드를 맡기는 '디포짓'을 요구하기도 해요.
- 인건비 비싼 사이판 호텔엔 벨보이가 없는 경우도 많아요.
- 체크아웃할 때 객실 내에서 사용한 유료 품목에 대해 비용을 지불하면 돼요.
- 미니바에 있는 음료는 마트보다 2~3배 비싸요. 호텔·리조트 내 미니마트에서 사는 게 더 저렴해요.
- 무료로 제공되는 아이템에는 'complimentary'라고 표시되어 있어요.
- 워터파크, 피트니스 센터(헬스클럽), 키즈클럽, 비즈니스센터 등 무료로 이용할 수 있는 부대시설을 체크해봐요.

자주 쓰는 호텔 용어

- **올 인크루시브** All inclusive
조식, 점심, 저녁과 음료 일부가 모두 포함되어 있는 숙소 가격.

- **바우처** Voucher
숙소 예약 확인증으로 대부분 숙소를 예약하면 이메일로 발송되며 출발 전 프린트해서 체크인 시 제출하면 된다.

- **디포짓** Deposit
호텔에 맡기는 일종의 보증금. 숙박비 외의 이용료(스파, 미니바, 룸 서비스 등)를 지불하기 위함이다. 체크아웃하면서 지불할 금액이 없다면 현금 디포짓의 경우 현금으로 돌려받고, 신용카드 정보를 입력했다면 삭제해달라고 요청하면 된다.

- **배기지 태그** Baggage Tag
호텔에서 짐을 보관할 때 확인을 위하여 짐과 투숙객에게 하나씩 부여하는 징표.

- **하우스키핑** Housekeeping
객실의 청소나 비품을 담당하는 부서로 필요한 물건이 있거나 청소를 요청할 때에는 객실 내 전화기로 이곳에 도움을 청하면 된다.

- **콤플리멘터리** Complimentary
'무료'라는 의미로 호텔이나 식당에서 고객에게 무료로 제공하는 서비스. 일반적으로 객실 내의 생수, 커피, 차 등이 이에 해당된다.

- **어메니티** Amenity
투숙객을 위해 객실에 준비해놓는 비누, 샴푸, 로션 등의 기본적인 용품.

- **알라카르트** A La Carte
단품 요리 혹은 일품 요리를 의미한다. 뷔페와는 달리 메뉴를 골라서 주문하는 방식.

07 Hello! Saipan
사이판 레포츠의 모든 것

사이판에는 더위를 한방에 날리는 아찔하고 짜릿한 해양 · 지상 레포츠가 가득하다. 바다와 하늘, 땅을 막론하고 맘껏 즐기는 사이판 레포츠의 모든 것.

스노클링 Snorkeling

가장 접하기 쉬우면서 만족도는 높은 해양 레포츠. 고글과 숨대롱, 오리발을 착용하고 바닷속 열대어와 산호를 관찰한다. 스노클링 포인트는 마나가하 비치와 마이크로 비치가 꼽힌다. 호텔 · 리조트 앞의 얕은 바다도 스노클링을 즐기기 괜찮은 곳이 많다. 간단히 숨 쉬는 법을 연습하고 몸의 힘을 뺀 채 스노클링을 즐기면 되는데, 이때 반드시 구명조끼는 착용할 것. 가끔씩 고개를 들어 자신의 위치를 확인해야 혹시 모를 안전사고를 방지할 수 있다. 물대롱 호스에 물이 들어가면 당황하지 말고 입으로 힘껏 '투'하며 숨을 뱉어 물을 빼낸다. 물안경 안으로 물이 들어간 경우 이마 쪽에 가볍게 손을 대고 콧바람으로 숨을 강하게 내쉬면 물이 빠진다.

위치 마나가하 비치, 마이크로 비치 등

Tip

스노클링 준비물

☐ 물안경 + 물대롱
착용할 때 물안경과 얼굴 사이에 틈이 있으면 물이 들어올 수 있으므로 머리카락 등이 끼지 않도록 주의한다. 물대롱의 어금니 부분은 자신의 어금니로 잘 문 채 입을 다문다.

☐ 김서림 방지 용액
물안경을 쓰기 전 물안경 안쪽에 김서림 방지 용액을 바르거나, 용액이 없는 경우 침으로 물안경의 안쪽 면을 문지르는 게 좋다. 김서림을 방지하면 시야가 선명하게 확보된다.

☐ 오리발
좀 더 다이내믹하게 즐겨보고 싶다면 오리발을 준비하자. 입수 전 수심이 얕은 곳에서 오리발을 신은 후 입수한다.

☐ 물고기 밥
물고기를 유인할 먹이를 준비하면 훨씬 많은 물고기들을 눈앞에서 볼 수 있다. 물에 쉽게 풀어지는 빵보다는 소시지가 좀 더 오래 가는 편이다.

① 오리발 ② 물안경
③ 물대롱(스노클)
④ 김서림 방지 용액

Tip

현지 다이빙숍, 사이판 다이빙 Saipan Diving

한국인과 현지인이 정식 자격증을 갖추고 운영하는 다이빙숍. 비치 다이빙 및 오픈 워터 다이빙, 야간 다이빙, 보트 다이빙 등 다양한 프로그램을 운영 중이다. 딥 블루 Deep Blue라는 게스트하우스도 운영하기 때문에 장기 교육이 필요한 이들이 이용하면 편리하다. 다이브 마스터 교육 등을 받으면서 다이빙에 집중하기 좋다. 사이판의 스쿠버 다이빙 포인트로 알려진 그로토, 마나가하 섬은 물론이고 라우라우 비치, 딤플, 티니안 섬 등으로 광범위하게 활동하고 있다.

전화 670-989-1100, 070-8263-2002
홈피 www.saipandiving.co.kr

스쿠버 다이빙 Scuba Diving

세계 3대 다이빙 포인트로 꼽히는 사이판은 가히 '다이빙 천국'이라 할 만하다. 장비를 갖추고 바닷속을 유영하면 전 세계의 다이버를 사이판 바다로 불러 모은 환상적인 풍경이 눈앞에 펼쳐진다. 제2차 세계대전 이후 바다에 가라앉은 전쟁의 잔해가 바다 생물의 놀이터가 된 풍경은 매우 특별하다. 스쿠버 다이빙은 스노클링 등에 비하면 준비 과정이 다소 까다로운 편. 하지만 전문 라이선스가 없어도 다이빙을 경험할 수 있는 '체험 다이빙'이 있으니 초보자도 문제없다. 체험 다이빙 순서는 서류 작성, 이론 교육, 수영장 교육, 스쿠버 다이빙 체험의 순서. 약 30분가량 소요되는 이론 교육은 물속에서 숨 쉬는 법, 깊은 물에서 고막의 압력을 맞추는 압력 평형(이퀄라이징)에 대한 설명을 듣는 것이다. 수영장 교육은 장비를 착용하고 이론 교육에서 배운 내용을 실습하는데, 호흡기(레귤레이터)를 입에 물고 숨 쉬는 법, 마스크 습기 제거 방법 등을 직접 해본다. 실습이 끝나면 다이빙 포인트로 이동하여 스쿠버 다이빙 체험을 시작한다. 압력 평형에 주의하며 귀에 통증이 느껴지면 강사에게 수신호로 알려주고 조금 상승했다가 다시 내려온다.

위치 사이판 그로토, 마나가하 섬, 만세 절벽
요금 $100~(체험 다이빙 기준)

©마리아나 관광청

Tip

스쿠버 다이빙 수신호

OK	OK	이상이 있다
도와줘요	떠오른다	잠수하여 내려간다
산소가 적다	산소가 없다	귀트기를 할 수 없다

초보자를 위한 스쿠버 다이빙 A to Z

스쿠버 다이빙 장비

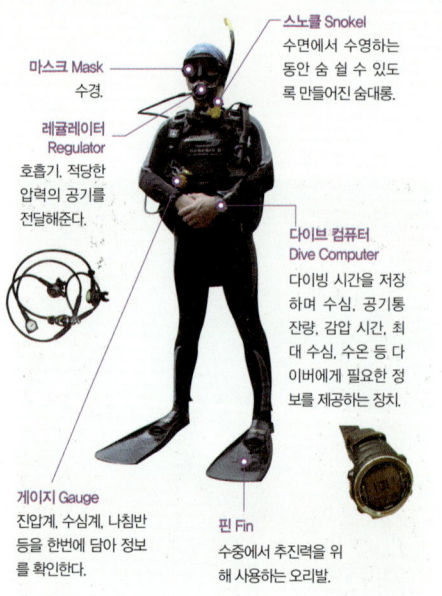

마스크 Mask
수경.

레귤레이터 Regulator
호흡기. 적당한 압력의 공기를 전달해준다.

스노클 Snokel
수면에서 수영하는 동안 숨 쉴 수 있도록 만들어진 숨대롱.

다이브 컴퓨터 Dive Computer
다이빙 시간을 저장하며 수심, 공기통 잔량, 감압 시간, 최대 수심, 수온 등 다이버에게 필요한 정보를 제공하는 장치.

게이지 Gauge
진압계, 수심계, 나침반 등을 한번에 담아 정보를 확인한다.

핀 Fin
수중에서 추진력을 위해 사용하는 오리발.

부력 조절기 BCD, Buoyancy Control Device
수면과 수중에서 부력을 유지하기 위해 만들어진 특수복. 공기탱크를 뒤에 장착할 수 있도록 제작.

공기 탱크 Cylinde
고압의 공기가 들어 있는 철 또는 알루미늄 실린더.

스쿠버 다이빙 step by step

체험 다이빙을 경험한 사람들은 그 매력에 빠져 좀 더 깊은 곳에서 자유롭게 바다를 관찰하고 싶어 한다. 어떤 사람은 아예 프로로 전향하기도 한다. 스쿠버 다이빙을 제대로 즐기기 위해서는 다이빙 단체의 자격이 필요하며, 다음과 같은 단계로 구성된다(PADI, Professional Association of Diving Instructors 기준).

❶ 체험 다이빙 DSD Discover Scuba Diving
스쿠버 다이빙의 첫 단계로 재미를 체험할 수 있는 코스. 장비 사용법, 호흡 규칙, 압력 평형, 입수 등을 배운다. 코스 종료 후 인증서가 발급되기도 하나 실질적인 경험으로 인정되지 않는다.

❷ 오픈 워터 다이버 OW Open Water Diver
초급 레벨, 다이버 자격이 있는 버디와 함께 다이빙을 할 수 있다. 최대 제한 수심은 18m이며 20단계의 이론 교육 6시간, 제한 수역(잠수풀) 교육 3~4회, 해양 실습 3~4회로 이루어진다. 3~5일 소요.

❸ 어드밴스드 오픈 워터 다이버 AOW Advanced Open Water Diver

수심 18m 이상 깊은 곳(보통 30m까지)에서 다이빙을 즐길 수 있다. 필수 과정 2개, 선택 과정 3개를 이수한다. 2~3일 소요.

● **필수 과정** : 딥 다이빙(30m 수심 하강), 수중 항법
● **선택 과정** : 나이트 다이빙, 수색과 인양, 난파선 다이빙, 수중 사진/동영상 촬영, 드라이 슈트 사용법

❹ 이머전시 퍼스트 리스폰스 EFR Emergency First Response

심폐소생술, 응급처치 과목. 프로 코스로 가는 경우 반드시 취득해야 하며 다이버가 아니더라도 취득 가능하다. 1일 소요.

❺ 레스큐 다이버 RD Rescue Diver

타인의 안전을 지킬 수 있는 다이버를 양성하는 과정. 다이버 구조요원 자격증이 발급된다. 이론 시험 및 10단계 훈련 코스로 구성된다. 3~4일 소요.

❻ 마스터 스쿠버 다이버 MSD Master Scuba Diver

다양한 환경에서의 다이빙 경험자라는 것을 의미하며 아마추어 다이버에게는 가장 높은 단계이다. 이후 단계부터는 프로페셔널 단계로 간주된다. 4~5일 소요.

❼ 다이브 마스터 DM Dive Master

전문가 수준의 입문 단계, 지도자 레벨을 이수할 수 있는 첫 단계이다.

❽ PADI 강사 개발코스 IDC Instructor Development Course

각종 강사로서의 필요한 교육 과정을 이수한 후 테스트를 거쳐 취득한다. 교육 및 자격증 발급 권한이 부여된다.

스쿠버 다이빙 안전 수칙

☐ 음주 후에 다이빙하지 않는다.
☐ 다이빙 시 귀마개를 사용할 수 없다.
☐ 잘 모르는 해양 생물을 건드리지 않는다.
☐ 비행기나 배에서 멀미했거나 식사한 지 얼마 안 됐다면 스쿠버 다이빙을 피해야 한다.
☐ 스쿠버 다이빙 이후 등산 등의 유산소 운동, 사우나를 피한다.
☐ 잠수병의 우려가 있으므로 다이빙을 끝낸 후 바로 비행기에 탑승할 수 없다. 12~24시간 정도 충분한 휴식 후 탑승한다.
☐ 심장병, 고혈압, 중이염 환자나 임산부는 적합하지 않다.
☐ 감기, 알레르기가 있을 때는 다이빙하지 않는다.

펀 다이빙과 스페셜 티 다이빙

다이빙을 본격적으로 하기 위해서는 라이선스 취득 단계를 밟아야 하는데 이는 교육에 초점이 맞춰지다 보니 과제 중심이 된다. 하지만 펀 다이빙은 과제에 상관없는 말 그대로 즐기기 위한 다이빙. 다양한 볼거리를 즐기기 위해 만족스러운 포인트 를 찾아 돌아다닌다. 최소 오픈 워터 이상의 자격이 필요하다.

한편, 스페셜 티 다이빙은 특별한 상황에 대한 교육을 받은 후 즐기는 다이빙. 난파선 다이빙, 나이트 다이빙이 여기에 속하고, 일반적인 다이빙 교육 단계와는 구분된다. 최소 오픈 워터 이상의 자격이 필요하다.

사이판 현지에서 제대로 스쿠버 다이빙을 즐기기 위해서는 한국에서 미리 오픈 워터 자격을 취득해두는 것도 도움이 된다. 아래를 참고하면 오픈 워터 자격증을 취득하기 위한 정보를 얻을 수 있다.

• 아쿠아 포유 aq.co.kr/club/4u • 곰스쿠버다이빙 cafe.naver.com/gomscuba

시터치 Sea Touch

가족 여행객들에게 인기몰이를 하고 있는 사이판의 핫한 레포츠. 마이크로 비치에서 라이선스가 있는 해양 사육사들이 해양 생물들과 어떻게 교감하는지 시범을 보인 후 상어와 가오리를 직접 만져볼 수 있게 안내한다. 책이나 영화에서 만나던 해양 생물을 만져보고 함께 수영하고 교감해보는 기쁨! 실제로 맨질맨질하고 매끄러운 물고기를 만져본 경험은 기억에 오래 남는다. 어린이도 보호자의 동반 하에 참여할 수 있으며 2세 미만은 무료. 수영복을 착용하는 게 편하고, 구명조끼와 스노클링 장비는 대여 가능하다.

위치 피에스타 리조트 앞 마이크로 비치(호텔 픽업 가능)
요금 시터치 어른 $65, 어린이 $30 /
　　　시터치 + 스노클링 : 어른 $75, 어린이 $39
전화 670-233-8585
홈피 www.sea-touch.com

시워커 Sea Walker

마치 땅 위를 걷는 것처럼 바닷속을 걸어 다니는 이색 레포츠. 수영을 전혀 못하는 사람도 자유롭게 수중 세계를 경험할 수 있다. 우주인의 헬멧 같은 유리관을 쓰고 지상에서부터 바닷속으로 걸어 들어가 수중 정원을 산책한다. 헬멧을 통해 공기를 공급받고 마치 지상에 있는 것처럼 숨 쉴 수 있는 게 특별하다. 헬멧의 무게는 35kg 정도 되지만 물속에서는 그 무게가 별로 느껴지지 않아 자유롭게 움직이기 좋다. 전문 다이버 안전요원들의 보호 아래 두 명씩 짝을 지어 다니면서 물고기에게 먹이를 주고 수중 사진도 찍는다. 다른 해양 레포츠보다 체력 소모가 적고 스쿠버 다이빙처럼 자격 요건이 까다롭지 않아 여행자들에게 인기 만점.

위치 마나가하 섬 주변(호텔 픽업 가능)
요금 어른·어린이 $80~(5세 이상 가능)
전화 670-898-9297

수중 스쿠터 Underwater Scooter

헬멧을 착용하고 바다에 들어가는 것은 시워커와 비슷하지만, 시워커가 바닷속으로 천천히 걸어 들어가는 방식이라면 수중 스쿠터는 스쿠터를 타고 바닷속을 달리는 신선한 콘셉트. 배를 타고 해당 포인트로 이동해서 1인용 잠수함과 같은 스쿠터 장비를 착용하고 입수하면서 수중 세계를 탐험할 수 있다. 어릴 적 우주선을 타고 하늘을 날거나 바닷속을 자동차로 질주하는 공상 과학 영화를 본 적이 있다면, 상상 속의 세계를 경험하는 묘한 기분이 들 것이다.

위치 마나가하 섬 주변(호텔 픽업 가능)
요금 어른 $90, 어린이 $85
전화 670-233-2620, 670-483-0338(한국어 가능)

스탠드업 패들 Stand Up Paddle

TVN 〈윤식당〉 롬복 길리섬 편에 등장해 더욱 핫해진 레포츠. 스탠드업 패들 보드 Stand Up Paddle의 약자로 'SUP'이라고도 부른다. 서핑과 카약을 합한 듯한 레포츠로 패들 위에 서서 노를 저으며 균형을 잡는다. 다이내믹하지는 않지만 장비만 빌리면 혼자서 해볼 수 있는 비교적 간단한 레포츠이면서 흔들흔들 균형 잡으며 앞으로 나가는 재미가 쏠쏠해서 인기 만점. 비교적 파도가 잔잔한 마이크로 비치가 스탠드업 패들을 즐기기에 적당하다. 리조트를 끼고 있는 여느 해변의 레포츠숍에서도 쉽게 대여할 수 있다.

위치 마이크로 비치, 이밖의 파도가 잔잔한 비치
요금 2시간 대여 $25, 반나절 대여 $40, 8시간 대여 $50
전화 670-285-8110
홈피 www.supspn.com

윈드서핑 Windsurfing

초보자도 하루 정도 교육을 받으면 충분히 서핑을 즐기며 바람을 타는 기쁨을 맛볼 수 있다. 동력을 이용한 해양 레포츠에 비해서는 부상을 입을 염려가 상대적으로 적은 것도 장점. 보드 위에서의 균형 감각과 기본 조작법을 익히는 것이 관건이다. 윈드서핑의 기본 자세는 뉴트럴 포지션 Neutral Position이다. 이는 보드 위에서 중심을 잡은 채 바람을 등지고 서서 바람의 방향과 일치하게, 보드의 방향과는 직각으로 세일을 들어 올리는 것이다. 뉴트럴 포지션에서는 바람이 불어도 보드는 움직이지 않고 안정적으로 정지해 있는 상태가 된다. 이후 세일의 열고 닫는 각을 조절해 원하는 방향으로 진행한다.

위치 마이크로 비치, 퍼시픽 아일랜드 클럽(PIC) 사이판, 월드 리조트 사이판 앞 비치

©마리아나 관광청

> **Tip**
>
> ### 윈드서핑 장비
>
> ❶ 보드 : 부력을 가진 핀. 앞뒤 구분이 있음
> ❷ 세일 : 세일(돛), 마스트(돛대), 붐(조종간)으로 구성
> ❸ 마스트 풋 보드와 세일을 연결하는 장치. 360도로 회전
>
>

페러세일링 Parasailing

달리는 모터보트에 낙하산을 매달고 속도를 내면 어느덧 하늘 위로 붕 떠오른다. 푸른 하늘 위에서 에메랄드 빛 바다와 섬의 절경까지 감상하는 것은 짜릿한 경험. 보통 마나가하 섬 근처에서 즐기는데 하늘 위에 컬러풀한 낙하산이 점점이 떠오른 풍경이 장관이다. 휴대전화나 지갑 등의 소지품을 가지고 보트에 탑승하는 것은 문제되지 않지만, 낙하산을 탈 때는 주머니 속을 모두 비워야 한다. 재미를 위해 보통 바닷물에 한두 번씩 빠뜨리기 때문이다.

위치 마나가하 섬 주변
요금 성인·어린이 $80~

제트스키 Jet Ski

바다 위를 시원하게 질주하는 수상 오토바이. 조작이 쉬워 간단히 교육 받으면 운전할 수 있고 기동력이 좋아 최대 시속 80km까지 속도감을 즐길 수 있다. 다이내믹한 레포츠를 기대하는 초보자에게 만족스러운 레포츠이다. 페러세일링, 바나나보트, 제트스키를 대표 해양 레포츠 3종 상품으로 결합해 즐기기도 한다.

위치 마나가하 섬 주변
요금 어른 $85∼, 어린이 $65∼

바나나보트

관광지 주변의 바다에서 보이지 않으면 이상할 정도로 익숙한 해양 레포츠. 모터보트에 무동력 바나나보트를 연결해 수면 위를 달리는 레포츠로 보통 시속 20∼40km로 달리지만 체감 속도가 훨씬 빨라서 짜릿하다. 특별한 운동 신경을 요하지 않으므로 손잡이만 잘 잡아도 문제없이 즐길 수 있다. 주로 마이크로 비치나 마나가하 섬 주변에서 즐기는데, 마나가하 섬을 오가는 수단으로 바나나보트를 이용하기도 한다.

위치 마이크로 비치, 마나가하 섬 주변

고카트 Go-Kart

트랙을 따라 레이싱하는 고카트 Go-Kart는 처음 타보는 사람도 안전하게 즐길 수 있는 지상 레포츠. 특히 마리아나 리조트 & 스파 내에 있는 레이싱 트랙은 총 길이 1025m로 매년 국제 경기가 열릴 만큼 넓은 트랙, 좋은 시설을 자랑한다. 1·2인용 레저용 고카트가 준비되어 있으며, 충분히 사전 교육한 후에 탑승하므로 초보자도 문제없다. 레이싱 중에 실제 경기와 같이 컴퓨터 측정 장비를 이용해 정확한 기록을 측정해준다.

위치 마리아나 리조트 & 스파 내
오픈 09:30~18:00
요금 A코스 $35, B코스 $55, 어린이 코스(보호자 동반) $25
전화 670-322-0770, 02-738-8027~8(한국사무소)
홈피 www.marianaresort.co.kr

스카이 다이빙 Sky Diving

지상 레포츠 중 가장 흥미롭고, 또 가장 두려운 레포츠 중 하나. 지상 약 2.4km 상공에서 시속 200km 속도로 낙하하기 시작해 지상으로 내려온다. 가장 먼저 안전 교육을 받고 안전 장비를 착용하고 경비행기에 오른다. 경비행기가 고도에 오르면 점프 후 자유낙하를 하는데, 이 순간만큼은 점프 마스터 탠덤 Tandem과 생사를 함께하며 아찔한 속도를 즐긴다. 이후 낙하산을 펼치고 점차 낙하 속도가 줄면서 지상과 가까워지면 사이판 절경을 한눈에 담을 수 있음에 감사하게 된다.

요금 성인 $289
전화 670-233-1413(예스 투어)
홈피 http://m.cafe.daum.net/saipanmemory

골프 Golf

사이판 골프 클럽은 국내에서는 경험하기 어려운 해변 코스가 대부분이다. 그래서 사이판의 골프를 한마디로 '바다와 바람을 상대하는 골프'라고 하기도 한다. 해안 절벽을 끼고 하는 라운드라는 이유로 많은 골퍼들이 선호한다. 단, 사이판 골프장에는 보통 캐디가 없다. 골퍼들이 전동 카트를 직접 운전해야 하지만 큰 어려움은 없는 편이다.

Tip

사이판 대표 골프 클럽

● **라오라오 베이 골프 & 리조트** LaoLabo Bay Golf & Resort
East 18홀 63300야드 72파, 그린피 $210(성수기), $180(비수기)
West 18홀 68050야드 72파, 그린피 $170(성수기), $140(비수기)
위치 사이판 중남부 동해안 전화 670-236-8888

● **킹피셔 골프 링크스** Kingfisher Golf Links
18홀 66510야드 72파, 그린피 $190(성수기), $160(비수기)
위치 사이판 북부 동해안 전화 670-322-1100

● **마리아나 컨트리 클럽** Mariana Country Club
18홀 64490야드 72파, 그린피 $165(성수기), $140(비수기)
위치 사이판 북부

● **코럴 오션 포인트 리조트 클럽** Coral Ocean Point Resort Club
18홀 71050야드 72파, 그린피 $180(성수기), $160(비수기)
위치 사이판 남부 전화 670-234-7000

08 Hello! Saipan
골라 즐기는 사이판 옵션 투어

포인트만 알면 비교적 쉽게 즐길 수 있는 해양 레포츠에 반해, 옵션 투어는 반드시 업체의 프로그램에 참여해 정해진 스폿으로 이동하거나 잠수함, 크루즈 등 특별한 이동수단을 타고 사이판을 즐기는 방식이다. 한번쯤 골라 즐기고픈 사이판 옵션 투어의 세계로!

마나가하 섬 투어 Managaha Island Tour

사이판의 북서쪽에 위치한 마나가하 섬은 둘레 약 1.5km에 불과한 작은 섬. 하지만 에메랄드 빛 바다와 눈부신 백사장이 환상적이라 '사이판의 진주', '남태평양의 보석' 등 수많은 수식어를 가진다. 해변에서 멀리 떨어진 바다도 수심이 얕고, 산호초 군락이 천연 방파제 역할을 하고 있어 스노클링을 비롯한 각종 액티비티를 즐기기에 그만이다. 섬안의 레스토랑, 기념품숍, 마사지숍 등에 들리는 것도 재미다. 이토록 즐길 게 많으니 '마나가하 섬에 안 가면 사이판은 가나 마나 한 섬'이라는 우스갯소리가 나올 정도.

현재 마나가하 섬은 일본 여행사 '타시투어'에서 장기 임대해 운영하고 있다. 노란색 유람선인 타시투어 페리가 1일 4회 사이판과 마나가하 섬을 오간다. 사이판에서 마나가하 섬까지는 배로 약 15분 거리. 여행사 투어 상품을 이용하지 않고 섬에 입장하면 환경세 $5를 따로 지불한다. 투어 상품은 환경세를 포함해 다양한 해양 레포츠를 묶어 구성해 편리하다. 이외에 마이크로 비치에서 스피드 보트를 이용해 마나가하 섬을 오가는 방법도 있다(왕복 요금 $20~25).

페리 시간 사이판 출발 08:40, 09:40, 10:40, 13:20 / 마나가하 출발 12:00, 14:00, 15:00, 16:00
요금 $50~(환경세 $5 포함)
전화 670-234-7148
홈피 www.tasi-tours. com

선셋 크루즈 Sunset Cruise

사이판 바다에서 펼쳐지는 아름다운 선셋을 감상하는 크루즈. 해 질 무렵부터 약 2~3시간 정도 선상에서 저녁 식사를 하며 다양한 이벤트를 즐긴다. 배가 출항하면 가수의 라이브 음악과 기타 연주가 흥을 돋운다. 탑승객의 국적에 따라 다양한 장르의 노래를 부르는데, 덕분에 국적에 상관없이 자연스레 댄스파티를 즐기게 된다. 바비큐부터 생선 요리까지 다양하게 준비된 뷔페식도 꽤 만족스럽다. 소프트 드링크와 맥주는 무제한 제공된다. 사이판 선셋 크루즈의 대표격인 스타 & 스트라이프 Stars & Stripes의 선셋 크루즈에는 149명까지 탑승할 수 있다.

오픈 17:30~19:00
요금 어른 $80, 어린이 $70
전화 670-234-7266
홈피 www.starsandstripessaipan.com

별빛 크루즈 Starlight Cruise

어둠이 내린 후 출항하는 야간 프로그램. 단독 요트 투어가 아니라 적정 인원의 신청을 받아 단체로 항해를 진행한다. 낯선 사람과 함께 배를 타지만 한국어를 잘하는 현지인 진행자의 입담으로 어색한 분위기는 순식간에 사라진다. 승선 후 자리에 앉으면 간단한 칵테일이나 차, 맥주 등 음료가 서비스된다. 본격적으로 별을 보는 시간은 출항한 지 약 15분 후. 직원의 안내로 갑판으로 나가면 요트 전체가 소등된 채 하늘에 펼쳐지는 아름다운 별빛을 바라보게 된다. 잔잔한 라이브 음악이 흐르고, 함께 온 사람들과 이야기를 나누다 보면 사이판에서 가장 로맨틱한 밤을 맞이하게 된다.

오픈 20:30~21:30
요금 어른 $45, 어린이 $35
전화 670-235-7288(한국어 예약 가능 시간 08:30~18:00)
홈피 www.modetour.com

잠수함 투어 Submarine Tour

사이판 근해는 물이 투명하고 맑아 수심 약 15m까지 내려가도 비교적 선명한 시야가 확보된다. 특히 이곳은 제2차 세계대전 때 침몰한 비행기와 선박의 잔해들이 그대로 남아 있어 매우 독특한 풍경을 자아낸다. 바닷물에 잠긴 잔해 사이를 유유자적 유영하는 형형색색의 물고기를 눈앞에서 보는 것이 신비롭다. 운이 좋으면 스쿠버 다이버나 가오리, 거북이도 만날 수 있고, 산호 군락도 멋지다. 잠수함 투어를 운영하는 딥스타 DeepStar호는 미국 코스트 가드의 안전 검사 및 정식 허가를 받아 안전에 대한 우려를 해소했다. 잠수함으로 내려가는 계단의 경사가 매우 가파르며, 하이힐을 신은 경우 승선이 불가능하다. 또 잠수함 안에는 화장실이 없으니 미리 다녀올 것.

오픈 09:00~16:00(정시 운영)
요금 어른 $95, 어린이 $60
전화 670-322-7746
홈피 www.saipansubmarine.com

익스트림 오프로드 어드벤처
Extreme Off-road Adventure

사이판 지상에서 경험하는 스릴 만점의 오프로드 체험이다. 박진감 넘치는 주행, 정글의 신비로움, 산 정상에서 보는 절경까지 한번쯤 경험해볼 만하다. 2~3명이 팀을 이뤄 사륜구동 차에 올라 타서 운전자를 정하게 되는데, 인스트럭터가 함께 승차해 어려운 코스나 운전 시 주의 사항을 그때그때 알려준다. 구불구불, 울퉁불퉁한 정글의 험난한 코스를 지나면 탁 트인 에버그린이 나오고 잠시 휴식을 취한 뒤 타포차우산에 이른다. 산 정상에서 사이판의 스펙터클한 풍경을 감상한 뒤 돌아오는 코스. 투어는 오전, 오후로 나누어 하루에 두 번 진행된다.

오픈 09:00, 13:00
요금 어른 $100, 어린이(4~11세) $80
전화 670-483-0003, 483-1135
홈피 http://saipanevent.com,
http://cafe.naver.com/extremeadventure

정글 투어 Jungle Tour

사이판 중부의 해발 473m 타포차우산 동쪽에는 아름다운 정글이 펼쳐져 있다. 사이판 정글 투어는 일반 차량으로 갈 수 없는 이 동부 지역의 정글을 사륜구동 차량을 이용해 탐험한다. 주요 포인트를 차로 이동하며 둘러보기 때문에 초보자라도 부담 없이 참여할 수 있다. 정글 속에 있는 자연 생물에 대한 설명을 듣고, 타포차우산 전망대에서 사이판 섬의 전체 풍광을 조망한다. 또 고지대 원주민 마을을 방문해 코코넛 음료를 즐기고 사이판 열대과일을 맛보기도 한다. 제프리스 비치를 방문해 정글 속에 은밀하게 숨어 있는 기암괴석을 보고 거센 파도가 밀려오는 해변의 절경도 감상할 수 있다. 이밖에 성모 마리아상이 있는 신비하고 신성한 우물에서 성수를 마시는 경험도 한다.

오픈 09:00, 13:00
요금 어른 $75, 어린이 $65

Tip

옵션 투어 어디서 신청할까?

● **예스 투어** Yes Tour
사이판 현지에 있는 여행사로 옵션 투어는 물론이고 공항 픽업, 현지 가이드 등 사이판 여행의 모든 것을 책임진다. 특히 사이판을 찾는 여행자들의 버킷리스트인 마나가하 섬 투어와 정글 투어, 선셋 크루즈 등 각종 투어를 합리적인 가격에 편리하게 예약할 수 있다. 가라판 중심가의 세런티 호텔 1층 로비에 여행사 사무실이 있어 미리 예약하지 못한 여행자도 현지에서 투어에 대한 설명을 듣고 선택할 수 있어 편리하다.
전화 670-233-1413
홈피 http://m.cafe.daum.net/saipanmemory

● **트래블 수** Travel Su
여행작가와 여행큐레이터가 운영하는 맞춤 자유여행 큐레이팅 회사. 직접 경험한 사이판의 호텔, 맛집, 볼거리, 즐길거리를 토대로 상담을 통해 여행자가 가장 원하는 여행을 디자인해준다. 사이판의 호텔, 옵션 투어, 가이드 예약은 물론이고, 여행작가의 노하우를 토대로 각 투어의 장·단점 및 특징까지 세심하게 안내받을 수 있다.
전화 031-656-5522
홈피 http://travelsu.kr **페이스북** www.facebook.com/travelsu

09 Hello! Saipan
맘껏 달리자, 사이판 드라이빙 여행

우리나라 거제도의 약 1/3 크기의 사이판은 북부에서 남부까지 자동차로 2~3시간이면 달릴 수 있다. 중간 중간 관광 포인트를 들른다고 해도 5~6시간 정도면 드라이빙 여행을 즐기기에 충분하다. 대표적인 드라이빙 코스부터 렌터카 빌리는 법까지 사이판 드라이빙 여행을 위한 A to Z.

드라이빙 여행 루트

사이판의 드라이빙 투어는 북부의 전쟁 유적지를 둘러보는 코스와 비치 로드를 따라 남부를 둘러보는 코스, 즉 북부와 남부로 나뉜다. 남부 지역에서 조금 더 욕심을 내면 동부 해안 지역까지도 둘러볼 수 있지만, 지형과 도로 사정상 동부 전체를 돌아보지는 않는다. 크지 않은 섬이라 북부와 남부를 하루에 둘러보는 것도 가능하다. 어느 곳에서 출발하느냐에 따라 순서는 달라질 수 있지만, 최대 중심가인 가라판에서 시작하여 북부의 유적지를 둘러보고 남부까지 일주하는 코스를 대표적으로 소개한다.

북부 지역 드라이빙

대부분의 렌터카 회사가 몰려 있는 가라판에서 출발하면 미들로드, 마피로드 순으로 북부로 진입한다. 마피로드는 교통량이 적고 인적이 드물어 한결 여유롭고, 도로가 높은 지대에 있어 탁 트인 시야를 확보할 수 있다.

❶ 만세 절벽 Banzai Cliff

전쟁의 아픔을 간직한 곳이지만 경치가 좋은 관광지. 전망대 주변의 위령탑과 관음상도 살펴보자.

❷ 일본군 최후 사령부 Last Command Post

입구에 다양한 무기들이 전시되어 있어 쉽게 찾을 수 있다. 조개 모양으로 감춰져 있는 천혜의 요새 지형과 요새 콘크리트 벽의 탄흔을 확인해보자.

❸ 한국인 위령탑 Korean Memorial

한국인이라면 꼭 들러봐야 할 곳. 위령탑 꼭대기에 있는 비둘기가 바라보는 시선은 사이판에서 한국을 바라보는 방향과 같다.

❹ 자살 절벽 Suicide Cliff

만세 절벽에서 차로 5분 정도 걸린다. 이곳 역시 전쟁 막바지에 일본 군인들과 민간인들이 저항하다 뛰어내린 곳이다.

❺ 사이판 그로토 Saipan Grotto

사이판의 숨은 비경이자 전 세계 스쿠버 다이버들의 성지. 주차장에서 시작하는 입구가 경사가 가파른 편이라 주의가 필요하다.

❻ 버드 아일랜드 Bird Island

사이판 그로토에서 자동차로 약 5분 거리. 새들의 장관은 이른 아침이나 해질 무렵에만 볼 수 있어서 제대로 감상하기 위해 시간을 잘 맞춰야 한다.

❼ 캐피톨 힐 Capitol Hill, 네이비 힐 Navy Hill

타포차우산 중간에 위치한 언덕으로 마나가하 섬과 가라판을 조망할 수 있다. 차를 타고 언덕을 내려가면서 바라보는 마나가하 섬과 주변의 비경은 잊지 못할 명장면. 시간이 부족하면 아쉬운 대로 그냥 지나쳐도 된다. 오전부터 일주했다면 가라판에 들러 점심 식사를 해결하자.

남부 지역 드라이빙

남부로 이동하기 위해서는 미들 로드나 비치 로드를 이용하는데, 바다를 바로 옆에 끼고 달리는 비치 로드가 드라이빙하기에는 더 안성맞춤. 남부 끝으로 내려갈수록 여행객보다는 현지인들의 모습이 더 많이 보인다.

❽ 슈가독 비치 Sugar Dock Beach

아직 많이 알려지지 않은 사이판 중부의 일몰 포인트. 아름다운 해변을 배경으로 동네 아이들이 코코넛 나무에 오르거나 서로 경쟁하듯 다이빙 실력을 뽐내기도 한다. 마운트카멜 성당과는 차로 1~2분 거리.

❾ 마운트카멜 성당
Our Lady of Mount Carmel Cathedral

북마리아나제도의 주교좌 성당이다. 스페인 통치 시대에 건축돼 제2차 세계대전 중 유실된 것을 1949년 복원했으며, 화려한 건축 양식이 아름답다.

❿ 래더 비치 Ladder Beach, 오브잔 비치 Obyan Beach

남부에 위치한 퍼시픽 아일랜드 클럽(PIC) 사이판을 지나면 남부 해안가를 방문하거나 동부로 이동할 수 있는 아스고 노 로드 As Gonno Road로 연결된다. 이 도로를 따라 남부에 있는 래더 비치와 오브잔 비치에 들를 수 있다. 티니안 섬을 가까이에서 조망할 수 있는 것도 큰 매력. 비치로 가는 길에 비포장 도로가 있으므로 주의해서 운전할 것.

사이판 렌터카 빌리기

렌터카 궁금증 Q&A 〰〰〰〰〰

Q 운전면허증 발급은 필수?
A 한국 운전면허증으로 차량 대여 및 운전이 가능해 국제운전면허증을 발급할 필요가 없다. 한국 운전면허로 8인승까지 이용 가능하고, 45일까지 렌트 가능하다.

Q 내비게이션 보는 데 어려움 없나?
A 외국계 렌터카 회사를 이용한다면 내비게이션 안내가 모두 외국어일 확률이 크다. 한국계 렌터카 회사에서 차를 빌리는 게 여러모로 편리하다.

Q 보험은 반드시 가입해야 할까?
A 차량 렌트 시 고민되는 것 중 하나가 보험이다. 비용이 추가되기 때문이다. 기본 보험(자동차 손해 배상 보험, LP / Basic Coverage)은 필수이므로 보통 대여 요금에 포함되어 있다. 이외 자기 차량 손해 보험 Loss Damage Waiver, 탑승자 상해 보험 Personal Accident Insurance은 선택 사항이다. 배상 조건을 꼼꼼히 살펴보고 필요 시 가입하자.

Q 차량 렌트 시 보증금을 지불하나?
A 차량 손상, 분실 등에 대비해 보통은 일종의 보증금을 지불한다. 보통 $100~250 선이며 차량을 반환할 때 되돌려 받는다. 현금 또는 신용카드로 지불이 가능하며 신용카드는 차량 반환 시 승인 취소를 한다(외국계 렌터카 회사의 경우 신용카드 디포짓 필수).

Q 휘발유의 종류와 선택법은?
A 보통 휘발유가 Unleaded, Regular, Super 세 종류로 나뉘는데 모두 가솔린이고, Super가 가장 고급이다. Unleaded 또는 Regular를 선택하면 무난하다.

Q 주차 시 주의할 점은?
A 사이판 주차장에는 차량 지정석이 있는 경우가 있다. 주차장의 벽이나 바닥에 지정 회사 이름이나 예약 표시가 되어 있다. 여기에 주차하면 견인의 위험이 있으니 주의할 것.

Tip

한인 업체 상지렌터카

사이판에서 차를 렌트해 여행할 생각이라면 상지렌터카에 문의하는 게 여러모로 편리하다. 한국인이 운영하는 렌터카 업체로 의사소통이 편한 것은 물론이고, 보유한 차량 또한 다양해서 선택의 폭이 넓다. 안전한 보험, 실시간 차량 예약 시스템, 친절한 여행 정보도 여행자의 마음을 끈다. 덕분에 사이판 여행자들 사이에선 이미 운영이 잘 되는 곳으로 정평이 나 있다. 그날 날씨나 상황에 맞춰 업체에서 제안하는 사이판 드라이브 코스를 따라 여행하면 사이판 구석구석을 알뜰하게 돌아볼 수 있다.

전화 670-233-1000, 070-4643-2988
홈피 http://sangjeerentcar.com

차량 렌트 절차

1 예약 시 또는 렌터카 사무실에서 차량을 선택한다.

2 운전면허증 및 신분증을 확인한다(한국 운전면허증 가능).

3 계약서를 작성한다. 차종, 대여 일수, 숙소 이름, 보험 가입 여부, 계약자 이름, 주소, 반납 장소 등을 기입한다.

4 직원과 함께 주유 상태 및 기스 여부 등 차량의 상태를 꼼꼼히 확인한 후 차량을 인수한다.

셀프 주유법

1 주유소의 빈 주유기 앞에 차를 정차한다.

2 주유기 본체의 번호를 확인한다.

3 주유기에 주유할 금액 또는 양을 입력 후 신용카드로 결제 또는 카운터에 주유구의 번호를 말하고 금액 또는 양을 알린다(1갤런 = 3.8ℓ). 주유소에 따라 선불로 내거나 주유 후에 정산한다.

4 주유기 본체의 노즐을 들고 연료 공급 레버를 위로 올린다.

5 노즐을 자동차 연료 탱크 입구에 삽입한다.

6 그립을 당겨 주유를 시작한다. 계산한 금액만큼 주유되면 자동으로 주유가 멈춘다.

7 주유가 끝나면 주유기 본체의 연료 공급 레버를 아래로 내린 후 노즐을 본체에 올려놓는다.

주요 도로 표지판

일시 정지

진입 금지

최고속도 25마일
(약 40km/h)

전방 우선 도로

좌회전 금지

안전벨트 착용

최고속도 35마일
(약 56km/h)

우회전 금지

좌회전 금지

미끄럼 주의

커브 길

우회하시오

장애인 주차 전용

10 Hello! Saipan
요즘 사이판의 대세는 여기!

사이판 여행의 모든 고민에 답하는 베스트 순위. 요즘 대세라는 사이판 스폿이 모두 모였다.

온가족 놀기 좋은 리조트

1 하얏트 리젠시 사이판
Hyatt Regency Saipan

2 켄싱턴 호텔 사이판
Kensington Hotel Saipan

3 월드 리조트 사이판
World Resort Saipan

사이판 최고의 해변

1 마이크로 비치
Micro Beach

2 마나가하 비치
Managaha Beach

3 슈가독 비치
Sugar Dock Beach

가성비 최고의 실속 숙소

1 세런티 호텔 사이판
Serenti Hotel Saipan

2 카노아 리조트 사이판
Kanoa Resort Saipan

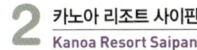

3 라이트 하우스
Light House

없는 게 없는 종합 쇼핑몰

1 DFS T 갤러리아 사이판
DFS T Galleria Saipan

2 아이 러브 사이판
I Love Saipan

3 조텐 쇼핑센터
Joten Shopping Center

기념품 사기 좋은 숍

1 메이드 인 사이판
Made In Saipan

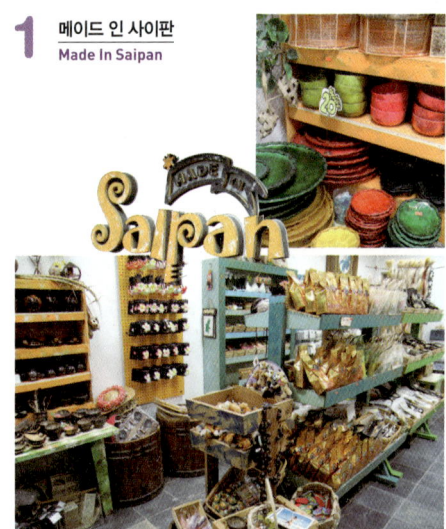

2 사이판 메이드
Saipan Made

3 9922 사이판
9922 Saipan

가성비 좋은 알뜰 마사지숍

1 가즈미 아로마 살롱
Kasumi Aroma Salon

2 O2 스파
O2 Spa

3 누엇 타이 마사지
Nuat Thai Massage

럭셔리한 호텔 스파숍

1 이사구아 스파(하얏트 리젠시 사이판 내)
I Sagua Spa

2 만디 아시안 스파(마리아나 리조트 & 스파 내)
Mandi Asian Spa

3 힐링 스톤 유유 스파(홀리데이 사이판 리조트 내)
Healing Stone Yu Yu Spa

최고의 인기 옵션 투어

1 마나가하 섬 투어
Managaha Island Tour

3 선셋 크루즈
Sunset Cruise

2 정글 투어
Jungle Tour

차모로 음식 맛있는 레스토랑

1 보카 보카
Boka Boka

2 솔티스 그릴 & 카페
Salty's Grill & Cafe

3 스카이웨이 카페
Skyway Cafe

사이판 최고의 호텔 뷔페

1 미야코 런치 뷔페(하얏트 리젠시 사이판 내)
Miyako

2 지오바니스 디너 뷔페(하얏트 리젠시 사이판 내)
Giovanni's

3 로리아(켄싱턴 호텔 사이판 내)
Loria

먹고 보는 재미, 바비큐 디너쇼

1 원주민쇼 피에스타 바비큐(피에스타 리조트 & 스파 내)
Cultural Dinner Show Piesta BBQ

2 마리아나 바비큐(마리아나 리조트 & 스파 내)
Mariana BBQ

11

Hello! Saipan
사이판 축제 캘린더

사이판에는 연중 다양한 축제가 열린다. 스포츠, 음식, 아트 등 아이템이 다양하고 특히 스포츠 축제의 경우 관광객들이 쉽게 참여할 수 있다. 사이판 여행과 축제 일정이 맞는다면 이왕이면 축제에 직접 참여해보는 것은 어떨까? 정확한 축제 일정은 마리아나 관광청 홈페이지를 참고하자.

- 마리아나 관광청 한국사무소 www.mymarianas.co.kr
- 마리아나 관광청 www.mymarianas.com

1 매년 1월 말

커피 트레일 마라톤 대회
Marianas Coffee Trail Run

사이판의 아름다운 뷰를 따라 만들어진 코스를 달리는 마라톤 대회다. 코스는 아메리칸 메모리얼 파크에서 시작해 타포차우산 정상을 지나 마이크로 비치에서 끝나며 타포차우산에서 마이크로 비치로 가는 길에 커피 농장을 지난다.

3 3월 초순

사이판 달리기 대회
Festival of Runs

매년 사이판에서 열리는 정식 마라톤 대회로 2006년 시작되었다. 42.195km 풀코스와 하프 코스, 10km, 5km로 구성되어 있다. 참가 비용은 코스에 따라 다르며 $40~50 선이다.

 3월 하순

엑스트라 사이판 챔피언십
Xterra Saipan Championship

철인 3종 경기와 비슷한 형식의 챔피언십으로 수영, 자전거, 마라톤으로 구성되어 있다. 사이판 해변에서 1.5km의 수영을 시작으로 30km의 산악자전거와 12km의 정글 마라톤으로 이루어진다. 입상자는 하와이의 마우이에서 열리는 엑스트라 월드 챔피언십에 참가할 자격을 얻는다.
www.saipansports.com

4 4월 하순

플레임 트리 아트 페스티벌
Flame Tree Arts Festival

4월 말, 불꽃나무라고 불리는 사이판의 플레임 트리가 만개할 무렵 이를 기념하는 페스티벌이 열린다. 이 페스티벌은 사이판뿐만 아니라 괌, 티니안, 로타 등에서 여러 아티스트들이 참여해 댄스, 음악, 회화, 공예, 조각 등 다양한 전시회를 연다.
marianaarts@pticom.com

5 5월 매주 토요일

사이판 음식문화축제
Taste of the Marianas International Food Festival & Beer Garden

5월 한 달 동안 매주 토요일 저녁마다 아메리칸 메모리얼 파크에서 사이판 음식문화축제가 열린다. 현지 음식을 비롯해 각 호텔에서 자신 있게 선보이는 다양한 음식을 맛볼 수 있으며, 현지 음악·예술 공연도 펼쳐진다. 다양한 현지 문화를 체험하고 싶다면 5월을 노려보는 것도 좋다.

티니안, 로타 지역의 축제

● **2월 티니안 핫페퍼 축제** Tinian Hot Pepper Festival
티니안의 매운 고추 도니살리 Donni Sali를 테마로 한 음식 테마 축제. 매운 고추 먹기, 요리 대회 등 참여형 대회가 열린다.

● **6월 티니안 블루 철인 3종 경기** Tinian Turquoise Blue Triathlon & Reed Swim
A타입(수영 1.5km, 자전거 40km, 달리기 10km)과 B타입(수영 2km, 자전거 90km, 달리기 21km)으로 진행한다.

● **11월 로타 블루 철인 3종 경기** Rota Blue Triathlon
티니안 블루 철인 3종 경기와 마찬가지로 A타입(수영 1.5km, 자전거 40km, 달리기 10km)과 B타입(수영 2km, 자전거 90km, 달리기 21km)으로 진행한다.

6 6월 하순

사이판 국제 스노클링 토너먼트
Saipan International
Open Water Flipper Race Tournament

마리아나식 아침 식사를 제공하는 것으로 시작해 마나가하 섬 주위 약 1.5km 코스를 도는 대회다. 참가자들은 오리발, 스노클링 장비, 잠수복 또는 구명조끼를 착용해야 하며 참가비는 $50이다. 대회를 마친 후 전체 남녀, 어린이 남녀, 성인 남녀로 구분해 시상식도 진행한다.

7 7월 중순

사이판 국제 낚시대회
Saipan International Fishing Tournament

매년 7월에 열리는 낚시대회로 30여 차례 대회가 열릴 정도로 오랜 역사를 자랑하는 축제다. 보통 토요일과 일요일에 진행되며 대회 전날인 금요일에는 출범식을 비롯한 사전 행사를 개최한다. 대회는 이른 아침인 오전 6시 무렵에 시작한다.

www.sfacnmi.com

9 9월 하순

국제 포인트 브레이크 챔피언십
International Point Break Championship

매년 퍼시픽 아일랜드 클럽(PIC) 사이판에서 열리는 서핑 대회. 성인 약 $30, 만 11세 이하 약 $20의 참가비가 있다. 대회 우승자는 싱가포르에서 열리는 본선에 참가할 수 있다. 본선에서 우승할 경우 미국 유타 주에서 열리는 세계플로보드챔피언십 The World Flowboard Championships의 초대권과 왕복항공권 및 숙박권을 증정한다.

www.pic.co.kr

12 12월 초 · 중순

크리스마스 축제
Christmas in the Marianas

매년 12월 첫째 혹은 둘째 주 토요일에 아메리칸 메모리얼 파크에서 걷기 대회가 열린다. 긴 코스와 짧은 코스로 나뉘어 있으며 대회 참가는 무료다. 선착순 100명에게는 기념 티셔츠를 제공한다. 이 외에 아메리칸 메모리얼 파크에서 크리스마스 점등식, 전통의상 패션쇼 등의 다양한 행사가 열린다.

12 **Hello!** Saipan
사이판에서 이것만은 꼭! 버킷리스트

리조트에서 푹 쉬면서 아무것도 안 하기
마나가하 섬에서 열대어 만나는 스노클링

오픈카 타고 열대의 섬 드라이빙
북부 지역 유적지 꼼꼼히 둘러보기

슈가독 비치에서 현지인처럼 다이빙하기
가라판 스트리트 마켓에서 길거리 현지 음식 맛보기

호텔 조식 과감히 포기하고 현지 맛집에서 브런치 먹기
아름다운 선셋 보며 연인과 해변 걷기

호텔 뷔페에서 세계 음식 맘껏 맛보기
시속 200km 낙하의 쾌감, 스카이 다이빙 도전하기

1일 1마사지 받으며 호사 누리기
명품부터 기념품까지 취향저격 쇼핑하기

전통 공연 보면서 바비큐 디너쇼 즐기기
신선도 100% 생 참치회 먹기

바다 전망 골프 클럽에서 라운딩하기
경비행기 타고 로타 섬, 티니안 섬 다녀오기

13 Hello! Saipan
사이판 베스트 여행 코스

한국에서 사이판으로 가는 항공편은 보통 밤에 출발해 새벽에 도착하는 경우가 많은데, 제주항공의 오전 출발 항공편을 이용하면 한국에서 오전 9시 30분에 출발해 사이판에 오후 3시 10분이면 도착할 수 있다. 덕분에 아이가 있는 가족 여행자들에게 인기 만점! 이 항공편과 가라판 중심가의 리조트에서 묵는 것을 기준으로 가장 베이직한 코스를 제안한다. 여기에서 여행자의 취향과 구성원, 예산에 맞게 적절히 변형하면 매우 만족스러운 스케줄이 될 것이다.

쇼핑과 맛집, 마나가하 섬까지
가장 완벽한 3박 4일

DAY 1

15:10 ● 사이판국제공항 도착

픽업 차량 20분

16:00 ● 가라판 리조트 도착
(하얏트 리젠시 사이판 기준)

도보 10분

18:00 ● 부바 검프에서 쉬림프 요리 저녁

도보 3분

20:00 ● 아이 러브 사이판 쇼핑

DAY 2

09:00 ● 마나가하 섬 투어

배 15분 + 자동차 10분

13:00 ● 리조트에서 휴식

도보 10분

14:00 ● 모비딕 레스토랑에서 해산물 점심

도보 10분

16:00 ● 리조트 수영장 즐기기

도보 5분

20:00 ● 무라 이찌방에서 중식 요리로 저녁

도보 5분

21:00 ● 가라판 중심가 비치 로드 돌아보기

DAY 3

10:00 ● 버드 아일랜드
자동차 10분

11:00 ● 사이판 그로토
자동차 5~7분

12:00 ● 한국인 위령탑
자동차 5~7분

12:30 ● 만세 절벽
자동차 20분

13:00 ● 수라에서 한식 점심
도보 5~7분

15:00 ● 누엇 타이 마사지에서 마사지받기
도보 5~7분

18:00 ● 가라판 스트리트 마켓(목요일인 경우), 또는 DFS T 갤러리아에서 쇼핑하기
도보 5~7분

21:00 ● 후루사토에서 일식 안주와 술 한잔

DAY 4

08:00 ● 리조트 조식
도보 3분

09:00 ● 마이크로 비치에서 스노클링
도보 3분

12:00 ● 미야코에서 일식 런치 뷔페
자동차 20분

14:00 ● 사이판국제공항 도착 후 출국

> **Tip**
> 셋째 날에 북부 유적지를 둘러보려면 리조트 조식 후에 자동차를 렌트해야 한다. 오후 일정의 대부분은 가라판에서 이뤄지므로 오전에 렌터카 이용 후에 오후엔 렌터카를 반납하고 도보로 일정을 소화하면 편리하다.

하루 더 묵을 여행자를 위한 + 1DAY 코스

렌터카로 사이판 섬 일주 + 1DAY

DAY 1

08:30 리조트 조식 후 렌터카 대여
자동차 20분

10:00 만세 절벽
자동차 5분

10:40 버드 아일랜드
자동차 5분

11:20 자살 절벽
자동차 8분

11:30 한국인 위령탑
자동차 30분

12:30 샤크에서 크레페와 팬케이크로 점심
자동차 5분

14:00 킬릴리 비치
자동차 3~5분

14:30 마운트카멜 성당
자동차 3분

15:00 슈가독 비치
자동차 20분

18:00 가즈미 아로마 살롱에서 마사지받기
자동차 3분

19:30 렌터카 반납
도보 5분

20:00 사천 키친에서 중식 요리 저녁
도보 1분

21:00 선샤인 카페에서 티 타임

Tip
렌터카로 사이판 섬 일주를 선택하는 경우, 앞의 사이판 3박 4일 코스 중 셋째 날 오전 코스를 시켜커나 정글 투어 등 다른 옵션 투어로 대체하는 게 좋다. 북부 유적지를 돌러보는 코스가 겹치기 때문이다.

사이판 액티비티 완전 정복 + 1DAY

DAY 1

08:00 ● 리조트 조식

자동차 10분 + 배 10분

09:00 ● 시워커, 또는 수중 스쿠터

배 10분 + 자동차 10분

12:00 ● 나미에서 퓨전 일식 점심

자동차 40분

13:30 ● 정글 투어

자동차 15분

17:30 ● 선셋 크루즈(디너 뷔페식 포함)

Here is
Saipan

지금 여기, 사이판

01 Here is Saipan
사이판 들어가고 나오기

사이판으로 입국하기

아시아나항공과 제주항공은 인천국제공항 · 김해국제공항에서 각각 사이판까지 직항을 운항하고 있다. 또 진에어, 이스타항공, 티웨이항공은 인천국제공항에서 사이판까지 직항을 운항한다. 한국에서 사이판까지의 비행시간은 약 4시간 30분이다.

● 사이판 입국 과정

1 입국장으로 이동

사이판국제공항은 규모가 작아 게이트에서 입국장까지의 거리가 가깝다. 이미그레이션 Immigration 사인을 따라가면 입국장이 나온다.

2 입국 심사

사이판국제공항 2층의 도착 게이트를 지나 계단을 따라 1층으로 내려가면 입국 심사대가 나온다. 노란색 제한선 밖에서 기다리다 차례가 되면 여권과 항공권, 출입국 카드를 제출한다. 이때 얼굴 사진과 지문을 찍는다.

3 수하물 찾기

입국 심사가 끝나면 수하물을 찾는다. 'Baggage Claim'이라는 표시를 따라가서 타고 온 항공편이 표시되어 있는 컨베이어 벨트에서 짐을 찾는다.

4 세관 통과

짐을 찾고 세관 신고대를 지나면 사이판 입국 절차는 끝난다. 만약 과세 대상에 해당하는 물건이 있을 경우 기내에서 미리 해당 품목을 세관신고서에 기입해두었다 심사대의 직원에게 제출한다. 직원은 세관신고서와 짐을 확인한 후 세액을 신고서에 기입하고 스탬프를 찍어서 돌려준다. 돌려받은 신고서를 납세 카운터에 제시하고 세금을 지불하면 된다.

● 사이판국제공항

사이판국제공항 Saipan International Airport(SPN)은 사이판 섬 남동쪽에 있으며 가라판 기준 남동쪽으로 약 13km 지점에 위치한다. 한국, 일본, 중국, 괌에서 직항 항공이 도착하며, 미국 본토에서 오는 항공편은 괌을 경유한다. 국제선 터미널과 티니안 섬, 로타 섬으로 향하는 커뮤터 터미널 Commuter Terminal이 있다. 공항 청사는 2층 건물이며 1층은 입국장, 2층은 출국장으로 이용된다. 공항 건물을 빠져나오면 도로 건너편으로 렌터카 회사들이 위치한 건물이 있고, 그 뒤쪽으로 주차장이 있다.

사이판국제공항 www.cpa.gov.mp/spnapt.asp

사이판국제공항 층별 안내

2층	출발	출발 층으로 DFS T 갤러리아 사이판 면세점, 편의점, 마사지 숍 등의 편의 시설이 있다.
1층	도착	1층 왼쪽으로는 입국장 및 도착 로비가 있다. 오른쪽으로는 각 항공사의 카운터가 있어, 사이판에서 출국할 때 이곳에서 출국 수속을 하게 된다. 그 외 ATM, 편의점이 있다.

Tip

□ 내 짐이 안 보일 때!
사이판국제공항의 경우 공항 규모가 작고 복잡하지 않아 수하물 운송 사고는 적은 편이다. 만일 짐이 나오지 않을 경우 한국에서 탑승 수속할 때 받은 수하물 보관증을 가지고 배기지 클레임 Baggage Claim 창구에서 분실 신고를 한다.

□ 담배와 주류 면세 한도
사이판 입국 시 담배와 주류 면세 한도는 성인 1인당 담배 200개비, 77oz 미만의 증류주, 288oz 미만의 맥주 또는 맥아술, 128oz 미만의 와인 또는 정종이 허용된다. 1oz는 약 30ml 정도로 증류주는 2,310ml(소주 한 병 360ml), 맥주 또는 맥아술은 8,640ml, 와인 또는 정종은 3,840ml이 허용되는 셈이다.

□ 라면 및 소시지 반입 금지
한국 여행자의 필수품 중 하나가 라면인데, 사이판에서는 소고기 성분이 들어간 라면 및 소시지는 반입이 엄격히 금지된다. 만일 세관에 적발되었을 경우 해당 물품 폐기는 물론 벌금까지 부과할 수 있다. 라면은 사이판 내에서도 판매하므로, 현지에서 구입하는 것이 현명하다.

사이판 출입국 신고서, 세관 신고서, 비자 면제 신청서 작성하기

● 출입국 신고서

DEPARTMENT OF HOMELAND SECURITY
U.S. Customs and Border Protection
OMB No. 1651-0111

미국에 오신 것을 환영합니다
I-94 입국출국 기록
작성 지침

미국 국민, 미국 영주권자, 미면비자를 소지한 외국인, 미국을 방문 또는 통과하는 캐나다 국민을 제외한 모든 입국자는 본 양식을 작성하셔야 합니다.
영어, 볼록체로 정확히 읽을 수 있도록 작성하십시오. 영어로 쓰시고 양식의 뒷면에는 기입하지 마십시오.

이 양식은 두 부분으로 구성되었습니다. 입국 기록(항목 1에서 17까지)과 출국 기록(항목 18에서 21까지)을 모두 작성하십시오.

모든 항목을 작성한 후 이 양식을 CBP 직원에게 제출하십시오.
항목 9 - 출입을 통해서 미국에 입국하는 경우, 여기에 LAND를 기입하십시오.
선박을 이용해서 미국에 입국하는 경우, 여기에 SEA를 기입하십시오.

CBP Form I-94 (05/08)

입국 기록
OMB No. 1651-0111

접수 번호

`349302737` `25`

(1) 1. 성
`H O N G`
(2) 2. 이름
`K I L D O N G`
(3) 생년월일 (일/월/연)
`2 0 0 9 8 1`
(4) 4. 국적
`K O R E A ,  S O U T H`
(5) 성별 (남 또는 여)
`MALE or FEMALE`
(6) 6. 여권 발급일 (일/월/연)
`2 0 0 1 1 5`
7. 여권 유효기간 (일/월/연)
`2 0 0 1 2 5` (7)
(8) 8. 여권번호
`M 1 2 3 4 5 6 7 8`
9. 항공회사 및 항공편 번호
`O Z 6 0 5` (9)
(10) 10. 거주 국가
`K O R E A`
11. 항공편 탑승 국가
`K O R E A` (11)
(12) 12. 비자를 발급 받은 도시
13. 비자 발급일 (일/월/연) (13)
(14) 14. 미국 거류 기간 동안의 주소(번호 및 거리 이름)
`H Y A T T  R E G E N C Y`
(15) 15. 도시 및 주
`S A I P A N`
(16) 16. 미국 거류 기간 동안의 전화번호
`6 7 0 1 2 3 4 5 6 7`
(17) 17. 이메일 주소
`S A I P A N 1 0 0 X @ R H K . C O M`

CBP Form I-94 (05/08)

DEPARTMENT OF HOMELAND SECURITY
U.S. Customs and Border Protection
OMB No. 1651-0111

출국 기록
접수 번호

`349302737` `25`

(18) 18. 성
`H O N G`
(19) 19. 이름
`K I L D O N G`
(20) 생년월일 (일/월/연)
`2 0 0 9 8 1`
(21) 21. 국적
`K O R E A ,  S O U T H`

CBP Form I-94 Korean (05/08)

앞면을 보십시오.
STAPLE HERE

ASIANA AIRLINES

공무용
Primary Inspection

Applicant's Name

Date Referred _____ Time _____ Imp. # _____

Reason Referred

☐ 212A ☐ ___ ☐ PP ☐ Visa ☐ Parole ☐ L/O ☐ TWOV

Other _____

Secondary Inspection

End Secondary Time _____ Imp. # _____

Disposition _____

22. Occupation	23. Waivers
24. CIS A Number A-	25. CIS FCO
26. Petition Number	27. Program Number
28. ☐ Bond	29. ☐ Prospective Student

30. Itinerary/Comments

31. TWOV Ticket Number

문서감축법준수 설명 : 주소와 OMB 관리번호를 표시하지 않을 경우 미국정부 기관은 정보수집을 수행하거나 후원할 수 없으며, 개인은 정보수집 요구에 응답하지 않아도 됩니다. 이 양식과의 관리번호는 1651-0111입니다. 이 양식을 작성하는 데 필요한 시간은 한 사람당 평균 4분으로 예측됩니다. 양식 작성 시간에 관한 의견이나 제안이 있으시면 U.S. Customs and Border Protection, Asset Management, 1300 Pennsylvania Avenue, NW, Washington DC 20229

경고 : 인가를 받지 않고 취업을 하며 미국에 머무는 것은 범법행위입니다.
중요사항 : 이 양식을 지참하십시오. 미국을 떠날 때는 반드시 이 양식을 제출해야 합니다. 그렇지 않은면 향후에 귀하의 미국 입국이 지연될 수 있습니다. 귀하는 이 양식에 적힌 날짜까지만 미국에 거류할 수 있습니다. 국토안보부의 승인을 받지 않고 해당 거류 날짜를 넘기는 것은 범법행위입니다.
미국을 떠날 때는 이 양식을 제출하십시오.
· 선박 또는 항공편을 이용할 때는 교통편 대표원에게 제출
· 캐나다 국경을 통과할 때는 캐나다 정부 지원에게 제출
· 멕시코 국경을 통과할 때는 미국 정부 지원에게 제출
30일 미만에 같은 학교로 되돌아오기 위해 미국 출입국 계획으로 확정한 이 양식을 제출하지 전에 I-20 양식의 2 페이지에 있는 "입국-출국-출국 기록"을 작성하십시오.

Record of Changes

Port: _____ Departure Record
Date: _____
Carrier: _____
Flight No./Ship Name: _____

ASIANA AIRLINES

입국 신고서(왼쪽) ❶ 성 (예시 : HONG) ❷ 이름 (예시 : KILDONG) ❸ 생년월일(일/월/연) (예시 : 20/09/81) ❹ 국적 (예시 : KOREA, SOUTH) ❺ 성별(남 또는 여) (남자 MALE, 여자 FEMALE) ❻ 여권 발급일(일/월/연) (예시 : 20/01/15) ❼ 여권 유효기간(일/월/연) (예시 : 20/01/25) ❽ 여권번호 (예시 : M12345678) ❾ 항공회사 및 항공편 번호 (예시 : OZ605) ❿ 거주 국가 (예시 : KOREA, SOUTH) ⓫ 항공편 탑승 국가 (예시 : KOREA, SOUTH) ⓬ 비자를 발급 받은 도시 (비자 없으면 공란) ⓭ 비자 발급일(일/월/연) (비자 없으면 공란) ⓮ 미국(사이판) 거류 기간 동안의 주소 (번호 및 거리 이름) (예시 : HYATT Regency) ⓯ 도시 및 주 (예시 : SAIPAN) ⓰ 미국 거류 기간 동안의 전화번호 (예시 : 670-123-4567, 호텔 대표번호를 적는다) ⓱ 이메일 주소 (예시 : saipan100x@rhk.com)

출국 신고서(왼쪽) ⓲ 성 (예시 : HONG) ⓳ 이름 (예시 : KILDONG) ⓴ 생년월일(일/월/년) (예시 : 20/09/81) ㉑ 국적 (예시 : KOREA, SOUTH)

● 세관 신고서

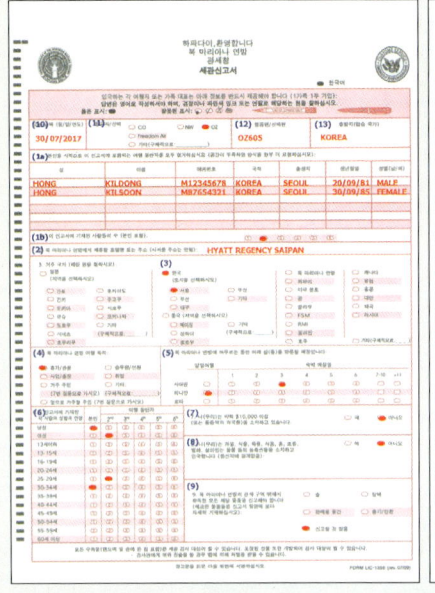

사이판(북마리아나 연방) 세관신고서

❶ (1a). 본인 포함 동반 여행객 정보(성, 이름, 여권번호, 국적, 출생지, 생년월일, 성별) (1b). 본인 포함 동반 여행객 수
❷ 북마리아나 연방의 주소(투숙호텔 이름 및 주소 기입, 예시 : HYATT Regency Saipan)
❸ 영구 주소가 있는 국가(일반적으로 한국에 표기)
❹ 여행 목적(휴가에 표기)
❺ CNMI에 머무는 동안 방문 예정인 섬 체크(사이판, 티니안, 로타)
❻ 세관신고서에 적힌 사람의 성별 및 연령

❼ 외화 5천 달러 이상 반입 확인(아니오에 표기)
❽ 농축산물 반입 확인(아니오에 표기)
❾ 관세구역 이외 취득 품목 확인(일반적으로 신고할 것 없음에 표기)뒷면의 설문조사 및 안내문을 읽은 후 날짜를 기입하고 서명한다.
❿ 도착 날짜(일/월/연도 순으로 쓴다)
⓫ 항공사/선박(일반적으로 항공에 표시, 아시아나 항공 OZ)
⓬ 항공편/선박편(OZ 뒤의 항공편명을 쓴다)
⓭ 탑승 국가(일반적으로 South Korea, 또는 Korea, Republic of)

 Tip

전자여행허가제(ESTA : Electronic System for Travel Authorization)

전자여행허가제(ESTA)는 비자면제프로그램(VWP : Visa Waiver Program)을 통해 미국을 여행하는 방문객들의 자격을 결정하는 데 사용되는 자동화 시스템으로 I-94W 양식과 동일한 정보를 필요로 한다. 이 제도를 이용하면 별도의 미국 비자를 발급받지 않아도 미국 입국이 가능하며 90일간 미국 내 체류가 가능하다. 사전에 온라인 신청으로 까다로운 비자 취득 절차가 간편하게 해결됨으로 보다 편리하게 미국 여행을 즐길 수 있다. 아래 사이트로 접속 후 신청하고 비용과 사용 기간을 확인하자.
• ESTA 온라인 신청 http://esta.cbp.dhs.gov

● 비자 면제 신청서

DEPARTMENT OF HOMELAND SECURITY
U.S. Customs and Border Protection

OMB No. 1651-0109
Expires 08/31/2012

괌 · 북마리아나 제도 연방(CNMI) 비자 면제 정보

지식 사항: 미국 연방 규정 8 CFR 212.1(q)에 기재된 해당국* 국민으로서, 방문 비자 없이 괌 · 북마리아나 제도 연방을 방문하며 최고 45일까지 체류하고자 하는 모든 비이민 방문자는 이 양식을 작성해야 합니다. 이 규정은 오직 괌 또는 북마리아나 제도 연방 입국 시에만 적용됩니다. 이 규정은 미국의 다른 지역 입국 시에는 적용되지 않습니다. 쉽게 알아볼 수 있도록 펜을 사용하여 영문 대문 자로 기입하십시오. 1번부터 9번까지 기입한 뒤, 모든 사항을 자세히 읽은 다음 일자 하단에 **서명과 함께 날짜를 기재하십시오**. 14세 이하 어린이의 양식은 무모나 법적 보호자 혹은 보호인이 대리 서명해야 합니다. 기입 완료된 양식을 미국 세관 및 국경 보호국 I-94 양식, 즉 출/입국 기록과 함께 미국 세관 및 국경 보호국 직원에게 제출하십시오. * 해당국 목록은 항공회사에 문의하여 받을 수 있습니다.

1. 성 (여권에 기재된 것과 같아야 함)
(1) HONG

2. 이름
(2) KILDONG

3. 기타 사용 이름
(3)

4. 출생일(일/월/연도)
(4) 20 / 09 / 1981

5. 출생지(도시 및 국가)
(5) SEOUL, KOREA

6. 여권 번호
(6) M12345678

7. 여권 발급일(일/월/연도)
(7) 01 / 11 / 2015

8. 미국 이민 비자 또는 비이민 비자를 신청했던 적이 있습니까?

(8) ☑ 아니오 ☐ 예 (있다면 다음 사항을 기재하십시오)

신청 장소

신청 일자 (일/월/연도)

신청받은 비자 종류

비자를 발급 받았습니까?
☐ 아니오 ☐ 예

미국 비자가 취소된 적이 있습니까?
☐ 아니오 ☐ 예

9. 모든 신청자는 다음 사항을 읽고 답해야 합니다. 미국 법에 따라 미국 국민이 허용되지 않는 특정 범주에 속한 사람은 비자 면제 혜택을 받을 수 없습니다(단 사전에 비자를 면제받은 사람은 예외). 특정 범주와 비자 면제 비적용 대상에 관한 정보는 미국 세관 및 국경 보호국에서 취득할 수 있습니다. 일반적으로 비자가 면제되지 않는 사람은 다음과 같습니다.

• 전염병 (예 : 결핵) 또는 심각한 정신 질환을 앓고 있는 자

• 사면, 특사 혹은 다른 사법 조치로 사후 구제를 받았더라도 특정 법률 위반 또는 범죄 행위로 체포 또는 유죄 판결을 받은 전력이 있는 자

• 마약 상습 복용자 또는 밀매자로 인정되는 자

• 과거 미국에서 추방되었거나, 불법 입국한 적이 있는 자

• 사기나 고의적인 허위 진술로 미국 비자 또는 다른 증빙 서류를 발급 받으려 하거나 발급 받은 자, 또는 이를 통해 미국에 불법 입국한 자

• 테러 활동에 가담했거나, 테러 조직 회원으로 활동한 자

• 인종, 종교, 국적 또는 정치적 이견을 이유로 특정인을 핍박하도록 명령, 교사, 지원 또는 가담했던 자, 독일 나치 정부, 나치 점령 지역 또는 나치 동맹국 정부와 직간접적으로 관련이 있거나, 특정국에서 인종 학살에 가담한 자

위의 사항 중 해당되는 부분이 있습니까? ☑ 아니오 ☐ 예 (있다면 귀하는 괌 또는 북마리아나 제도 연방 입국이 거부될 수 있습니다.)
(9)

중요 사항: 귀하는 무 비자로 괌 또는 북마리아나 제도 연방에 입국 후, 최고 45일까지 체류할 수 있습니다. 귀하는 (1) 비 이민자 신분 변경, (2) 입시 또는 영주권자의 신분 변경, (3) 체류 기간 연장을 신청할 수 없습니다.

경고 사항: 귀하가 현행 괌-북마리아나 제도 연방 비자 면제 프로그램 또는 이전의 괌 비자 면제 프로그램 하에서 이전 미국 입국 규정을 위반한 전력이 있을 경우, 괌 또는 북마리아나 제도 연방 입국을 거부당할 수 있습니다. 현행 입국 규정을 위반할 경우, 괌 또는 북 마리아나 제도 연방에서 추방될 수 있습니다. 비이민 방문자가 현지에서 불법 취업하는 경우에도 추방될 수 있습니다.

권리 포기: 본인은 이에 의거하여 본인의 입국 허가에 관한 미국 세관 및 국경 보호국 직원의 결정에 대해 재심 또는 항소 권리를 포기합니다. 본인은 정치적 망명을 제외한 추방 절차 상의 어떠한 소송에 대해서도 이의 제기 권리를 포기합니다.

확인 서약: 본인은 이 양식에 기재된 모든 사항과 질문을 읽고 이해하였음을 서약합니다. 본인의 모든 답변은 본인이 알고 믿는 한 틀림없는 사실임을 맹세합니다.
(10) HONG, KILDONG   **30/07/2017**
서명   일자

서류작성 간소화 법 안내: 현재 유효한 OMB 통제 번호가 게시되지 않은 경우, 해당 서류의 질문에 응답할 필요가 없습니다. 양식 작성에 소요되는 시간은 지시 사항 검토, 기존 정보 확인, 필요 정보 구성 및 양식 완성에 대한 평균 5분으로 예측됩니다. 양식 작성 시간 관련 부담에 대한 의견이나 부담을 경감시킬 수 있는 제안이 있으면 아래 주소로 보내십시오: U.S. Customs and Border Protection, Office of Regulations and Rulings, 799 9th Street, NW., Washington DC 20229.

CBP Form I-736 Korean (10/08)

괌-북마리아나 제도(사이판) 연방 비자 면제 신청서

❶ 여권상의 성 (예시 : HONG)

❷ 여권상의 이름 (예시 : KILDONG)

❸ 기타 사용 이름(일반적으로 비워둔다)

❹ 출생일(일/월/연 순으로 쓴다)
(예시 : 20/09/1981)

❺ 출생지(도시 및 국가)
(예시 : SEOUL, KOREA)

❻ 여권번호 (예시 : M12345678)

❼ 여권발급일(일/월/연 순으로 쓴다)
(예시 : 01/11/2015)

❽ 미국 비자 신청 이력

❾ 비자 면제 결격사유 확인('아니오' 표기)

❿ 서명 및 일자 기입 (사이판 도착 날짜를 일/월/연 순으로 쓴다)

작성 요령

❶ 비행기에서 미리 작성해두자.

❷ 영문 대문자로 작성한다.

❸ 날짜는 일/월/연 순서로 쓴다.

❹ 방문 목적은 'Sightseeing'이나 'Holiday'에 표시한다(사업 목적으로 방문한 경우라도 특수 비자를 받은 것이 아니면 관광이 목적이라고 해야 한다).

❺ 도착지 주소는 숙소 이름을 쓴다. 숙소를 정하지 않고 갔다고 해도 아는 호텔 이름을 적어야 한다.

❻ 출입국 카드 뒷면은 공무용(Inspection, For Official Use)으로 기록하지 않는다.

사이판에서 출국하기

사이판국제공항의 출국 수속은 청사 건물 1층에서 이루어진다. 공항 규모는 작지만 성수기에는 매우 붐비고, 한국만큼 일처리가 빠른 편은 아니기 때문에 출발 2~3시간 전에는 공항에 도착하는 것이 좋다.

● 사이판 출국 과정

1 탑승 수속

사이판국제공항 1층의 해당 항공사 카운터에서 여권과 항공권을 제출한 후 수하물을 부친다. 탑승권과 짐표를 받고, 탑승권에 적힌 게이트 번호와 탑승 시간을 확인한다.

2 보안 검색

항공 카운터 옆 보안 검색대 출구를 이용한다. 경사로를 따라 가면 2층 출국장이고, 여기에서 보안 검색을 받는다. 검색대에 기내에 반입할 소지품과 신발까지 올려놓고 스캔 절차를 밟는다.

3 출국 심사

출국 심사대 앞에서 기다리다가 차례가 되면 출국 심사를 받는다. 모자나 선글라스를 벗어야 하며, 여권과 탑승권을 제시한다.

4 출발 게이트로 이동

탑승권에 적혀 있는 출발 게이트로 이동해 한국행 비행기에 탑승한다.

Tip

□ 신고 대상

소고기·돼지고기·양고기·닭고기 등 육류, 햄·소시지·육포·통조림 등 육가공품, 녹용·뼈·혈분 등 동물의 생산물, 알·난백·난분 등 알가공품, 우유·치즈·버터 등 유가공품, 과일·채소·종자·묘목류·화훼류·호두·인삼·더덕·송이·한약재·건고추·참깨·콩·팥·건조 식물 등 모든 식물류, 살아 있는 병원균과 해충

□ 반입 금지

수입 금지 국가의 동물 및 축산물, 망고·파파야·오렌지·사과·배 등 생과일과 열매채소, 풋콩·감자·고구마와 흙이 묻어 있는 식물류, 사과나무·배나무·소나무 등 많은 종류의 묘목류

● 기타 사항 문의

· 국립식물검역소 www.npqs.go.kr   · 국립수의과학검역원 www.nvrqs.go.kr   · 국립수산물품질검사원 www.nfis.go.kr

02 **Here is** Saipan
사이판 교통

공항에서 시내로 가기

사이판국제공항에서 시내로 이동할 때는 주로 호텔이나 여행사의 픽업 서비스를 이용하는 게 편리하다. 공항에 택시가 있지만 요금도 비싼 데다가 그 수가 많지 않고, 대다수의 항공편이 새벽에 도착하므로 호텔이나 여행사 픽업 서비스를 이용하는 것이 더 현명하다.

● 호텔·여행사의 픽업 서비스

사이판에 있는 대부분의 리조트와 여행사에서는 유료로 픽업 및 샌딩 서비스를 제공한다. 리조트 예약 시 픽업 서비스를 요청한 후 공항에 도착하면 리조트 직원이 예약자의 이름이 적힌 피켓을 들고 기다리고 있다. 픽업 요금이 유료인 경우 가라판 기준 1인당 편도 $10 정도다.

● 택시

공항에서 목적지까지 택시를 이용할 수 있다. 공항 출구를 나오면 택시를 탈 수 있는 승강장이 있으며 공항에서 가라판 시내로 이동하는 데는 약 15~25분 소요된다. 가라판까지 요금은 택시 1대당 $30~35. 가라판 외 지역은 요금이 좀 더 부과되며, 북부의 마리아나 리조트 & 스파를 기준으로 $50~60 정도 나온다.

● 렌터카

공항 도착 층으로 나오면 앞 건물에 외국계 렌터카 회사가 여러 개 있으며, 렌트 기간에 따라 다르지만 소형차 기준으로 24시간 $60~70 정도면 렌트할 수 있다. 한국계 렌터카 회사는 한국에서 출발 전에 미리 예약할 수 있고, 일정 기간 이상 렌트 시 공항 무료 픽업과 샌딩을 해주며 다양한 할인 혜택도 있다. 가격은 자동차 1대당 $20 정도다. 보통은 투숙하는 호텔에서 손님을 픽업해서 렌터카 사무소까지 와서 계약서를 쓰고, 차량 상태를 함께 점검한 후에 차를 인도 받는다.

> **Tip**
>
> ### 사이판 현지 렌터카 회사
>
> ● **한국계 회사**
> · 상지렌터카
> 전화 670-233-1000(한국어),
> 070-4643-2988
> 홈피 http://sangjeerentcar.com/
>
> · 아시아 렌터카 & 스쿠터
> 전화 670-233-1114
>
> ● **외국계 회사**
> · 허츠 Hertz 렌터카
> 전화 670-234-8336
> · 버짓 Budget 렌터카
> 전화 670-234-8232
> · 달러 Dollor 렌터카
> 전화 670-288-5151
> · 내셔널 National 렌터카
> 전화 670-288-4400

사이판 시내교통

사이판은 대중교통이 편리하지 않은 편이라 셔틀버스나 렌터카, 여행사의 픽업 서비스 등을 잘 활용하는 지혜가 필요하다. 여행자의 상황과 취향 등을 고려해 적절한 교통편을 선택해 여행의 효율을 높이자.

● DFS T 갤러리아 사이판 셔틀버스

DFS T 갤러리아 사이판에서 고객을 위해 무료로 운영하는 셔틀버스다. DFS T 갤러리아 사이판을 중심으로 남쪽으로 가는 노선과 북쪽으로 가는 노선을 운영하고 있으며 주요 호텔을 대부분 거친다. 따라서 목적지가 가라판인 경우 이 셔틀버스를 이용해 DFS T 갤러리아 사이판까지 이동한 후 가라판의 목적지까지 도보 이동하는 방법으로 교통비를 절약할 수 있다. 각 호텔의 프런트에 버스 시간표가 배치되어 있으며 버스는 약 1시간 간격으로 운행된다. 남부 노선은 코럴 오션 포인트 리조트 클럽, 퍼시픽 아일랜드 클럽(PIC) 사이판, 월드 리조트 사이판 등을 순회하며, 북부 노선은 아쿠아 리조트 클럽 사이판, 켄싱턴 호텔 사이판, 마리아나 리조트 & 스파 등을 순회한다.

● 택시

사이판에는 택시가 많지 않고 비싼 편이다. 또 한국처럼 지나가는 택시를 잡아타는 것이 아니라 필요한 경우 호텔이나 레스토랑에서 전화로 택시를 부르는 게 일반적이다. 택시 요금은 거리에 따라 정해지는데 기본 요금은 $2.50이며 0.5마일 이후에는 0.25마일마다 ¢75가 추가된다. 허가받지 않은 불법 택시도 많으므로 택시 운전기사가 배지를 달고 있는지 확인할 필요가 있다(호텔에서 부를 경우에는 대부분 허가 받은 택시를 연결해준다). 미터 요금의 10% 정도는 팁으로 지불하는 것이 일반적이다. 트렁크에 실어야 하는 짐이 있을 경우 짐 하나에 $1 정도 지불하면 된다.

● 렌터카

만 16세(18세) 이상의 운전면허 소지자는 렌터카를 빌릴 수 있지만 렌터카 회사에 따라 21세 이상에게만 빌려주는 경우도 있다. 국제운전면허증을 발급할 필요 없이 한국의 운전면허증으로 최대 45일간 렌터카 대여가 가능하다. 사이판국제공항에 렌터카 업체가 있으며 가라판 시내에는 한인 렌터카 업체도 있다. 렌트 요금은 소형차 기준으로 $60(24시간) 정도이다. 사이판에서 차량을 운전하는 경우 주행 속도 35마일(56km)을 준수해야 하며 스쿨버스는 추월할 수 없다. 스쿨버스가 정차한 경우 반대 차선에서도 무조건 정차해야 한다.

● 스쿠터

만 16세 이상의 면허 소지자는 스쿠터를 대여할 수 있으며, 혼자서 자유롭게 이동하고자 하는 사람들이 주로 이용한다. 렌터카와 비교했을 때 조금 저렴한 정도이지만, 스콜이 내릴 경우 비를 다 맞아야 한다는 점도 염두에 두어야 한다. 가라판 시내의 대여소에서 스쿠터를 대여할 수 있으며, 이용 요금은 하루에 약 $30 내외다.

> **Tip**
>
> **스쿠터 렌털 숍**
>
> - 티코 Tico(한인 업체)
>   전화 670-233-5678
> - 아시아 렌터카 & 스쿠터(한인 업체)
>   Asia Rent a Car & Scooters
>   전화 670-233-1114

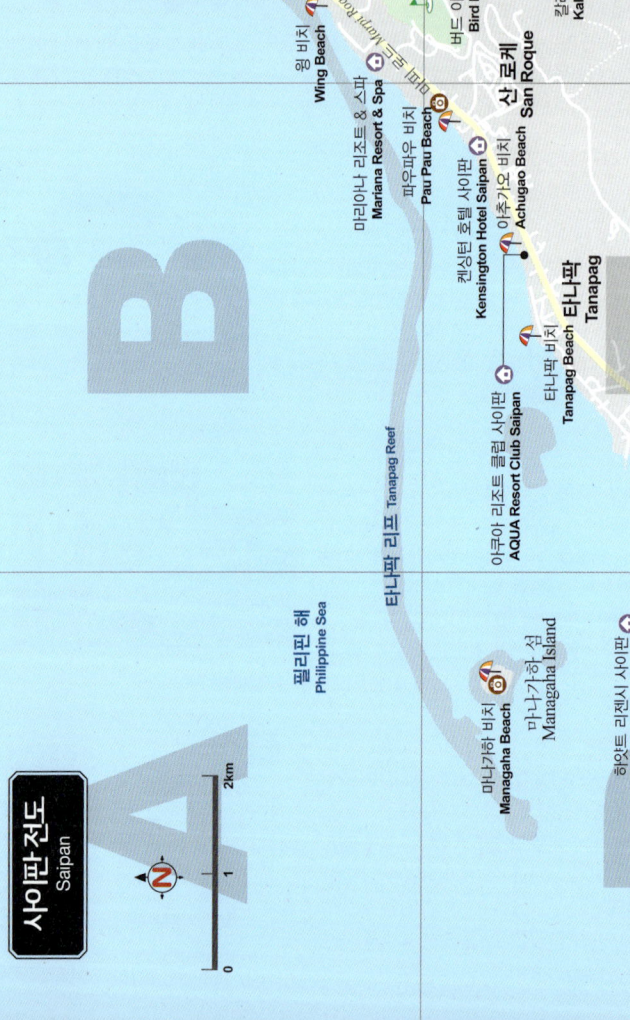

만세 절벽
Banzai Cliff

사이판 그로토
Saipan Grotto

일본군 최후 사령부
Last Command Post

한국인 위령탑
Korean Memorial

자살 절벽
Suicide Cliff

바드 아일랜드
Bird Island

마피 산
Mt. Marpi

마리아나 컨트리 클럽
Mariana Country Club

버드 아일랜드 전망대
Bird Island Lookout

킹피셔 골프 링크스
Kingfisher Golf Links

산주안 비치 San Juan Beach

칼라베라 동굴
Kalabera Cave

윙 비치
Wing Beach

제프리스 비치 Jeffrey's Beach

마리아나 리조트 & 스파
Mariana Resort & Spa

북부 마피 로드 Marpi Road

산 로께
San Roque

파우파우 비치
Pau Pau Beach

아추가오 비치
Achugao Beach

켄싱턴 호텔 사이판
Kensington Hotel Saipan

타나팍
Tanapag

타나팍 비치
Tanapag Beach

캐피톨 힐
Capitol Hill

아쿠아 리조트 클럽 사이판
AQUA Resort Club Saipan

필리핀 해
Philippine Sea

타나팍 리프 Tanapag Reef

아메리칸 메모리얼 파크
American Memorial Park

네이비 힐
Navy Hill

가라판
Garapan

DFS T 갤러리아 사이판
DFS T Galleria Saipan

기념비 P.88-89

마나가하 비치
Managaha Beach

마나가하 섬
Managaha Island

하얏트 리젠시 사이판
Hyatt Regency Saipan

마이크로 비치
Micro Beach

피에스타 리조트 & 스파
Fiesta Resort & Spa

그랜드브리오 리조트
Grandvrio Resort

사이판 전도
Saipan

2km

1

0

N

태평양
Pacific Ocean

사이판과 주변섬

사이판 섬
Saipan Island

티니안 섬
Tinian Island

아구이한 섬
Aguijan Island

사이판국제공항
Saipan International Airport

티니안 공항
Tinian Airport

로타 섬
Rota Island

로타 공항
Rota Airport

태평양
Pacific Ocean

괌국제공항
Guam International Airport

괌 섬
Guam Island

마린 비치 **Marine Beach**

성모 마리아상
Our Lady of Lourdes Shrine

탱크 비치 **Tank Beach**

포비든 아일랜드
Forbidden Island

라오라오 베이 골프 & 리조트
LaoLao Bay Golf & Resort

라우라우 비치
LauLau Beach

타포차우산 전망대
Mt. Tapochau

크로스 아일랜드 로드 Cross Island Road

산 이시드로 성당
San Isidro Chapel

찰란 키자
Chalan Kiya

사이판 컨트리 클럽
Saipan Country Club

OK 게스트하우스
OK Guest House

로비 드라이브 Robi Dr

찰란 카노아
Chalan Kanoa

수수페 호
Susupe Lake

수수페
Susupe

단단 **DanDan**

에어포트 로드 Airport Road

비치 로드 Beach Road

플레임 트리 로드 Flame Tree Road

미들 로드 Middle Road

후르만 로드 Hurman Road

오브얀 비치
Obyan Beach

사이판국제공항
Saipan International Airport

래더 비치
Ladder Beach

킬릴리 비치
Killili Beach

월드 리조트 사이판
World Resort Saipan

카노아 리조트 사이판
Kanoa Resort Saipan

수가독 비치
Sugar Dock Beach

산 안토니오
San Antonio

코랄 오션 포인트 리조트 클럽
Coral Ocean Point Resort Club

퍼시픽(PIC) 사이판 클럽
Pacific Islands Club(PIC) Saipan

태평양
Pacific Ocean

수수페 P.152

K

J

Garapan

가라판

편의시설 집중된 최고의 번화가

사이판의 서해안 중앙부에 위치한 가라판은 사이판 관광의 중심지. 약 1km에 이르는
마이크로 비치를 중심으로 대형 리조트와 호텔이 자리하고, 마이크로 비치 너머로 '남
태평양의 보석'이라 불리는 마나가하 섬이 보인다. 천혜의 자연 못지않게 여행자들의
편의시설도 잘 갖춰져 있다. 가라판 스퀘어는 레스토랑과 쇼핑센터, 스파 등이 집중된
최고의 번화가. 비치 로드에는 낮에는 정열의 기운이, 밤에는 석양의 낭만이 흐른다. 덕
분에 시내의 편리함을 즐기며 최고의 휴양을 계획할 수 있는 곳이 바로 가라판이다.

가라판
Garapan

0   100   200m

그랜드브리오 리조트 사이판
Grandvrio Resort Saipan

ABC 스토어
ABC Store

베스
Beat

조텐 쇼핑센터
Joten Shopping Center

비치 로드 *Rte 30 Beach Rd*

괌 은행
Guam Bank

하드록 카페
Hard Rock Cafe

DFS T 갤러리아 사이판
DFS T Galleria Saipan

알라이하이 애비뉴 *Alaihai*

뉴 더블
New Double

청기와
Chung Gi Wa

메이드 인 사이판
Made In Saipan

푸티 타이노부이 애비뉴 *Puti Tainobui A*

맥도날드
● 주유소
● IT & E

아이홉
I Hop

아지센 라멘
Ajisen Ramen

비치 로드 *Rte 30 Beach Rd*

알라이하이 애비뉴 *Alaihai Ave.*

힐링 스톤 유유 스파
Healing Stone Yu Yu Spa

홀리데이 사이판 리조
Holiday Saipan Resor

가라판 스트리트 마켓
Garapan Street Market

타이 하우스
Thai House

카데나 디 아모르 스트리트 *Kadena Di Amor Street*

치치리카 애비뉴 *Chichirica Ave.*

필링 스트리트 *Filing St.*

필루리스 애비뉴 *Fitooris A*

가라판
성당

로사 스트리트 *Rosa St.*

아수세나 애비뉴 *Asusena Ave.*

로사 스트리트 *Rosa St.*

루트 308 *Rte 308*

칼라추차 애비뉴 *Kalachucha A*

센추리 호텔
Century Hotel

카사 우라시마
Casa Urashima

아수세나 애비뉴 *Asusena Ave.*

미들 로드 *Middle Rd*

제이스 레스토랑
J'S Restaurant

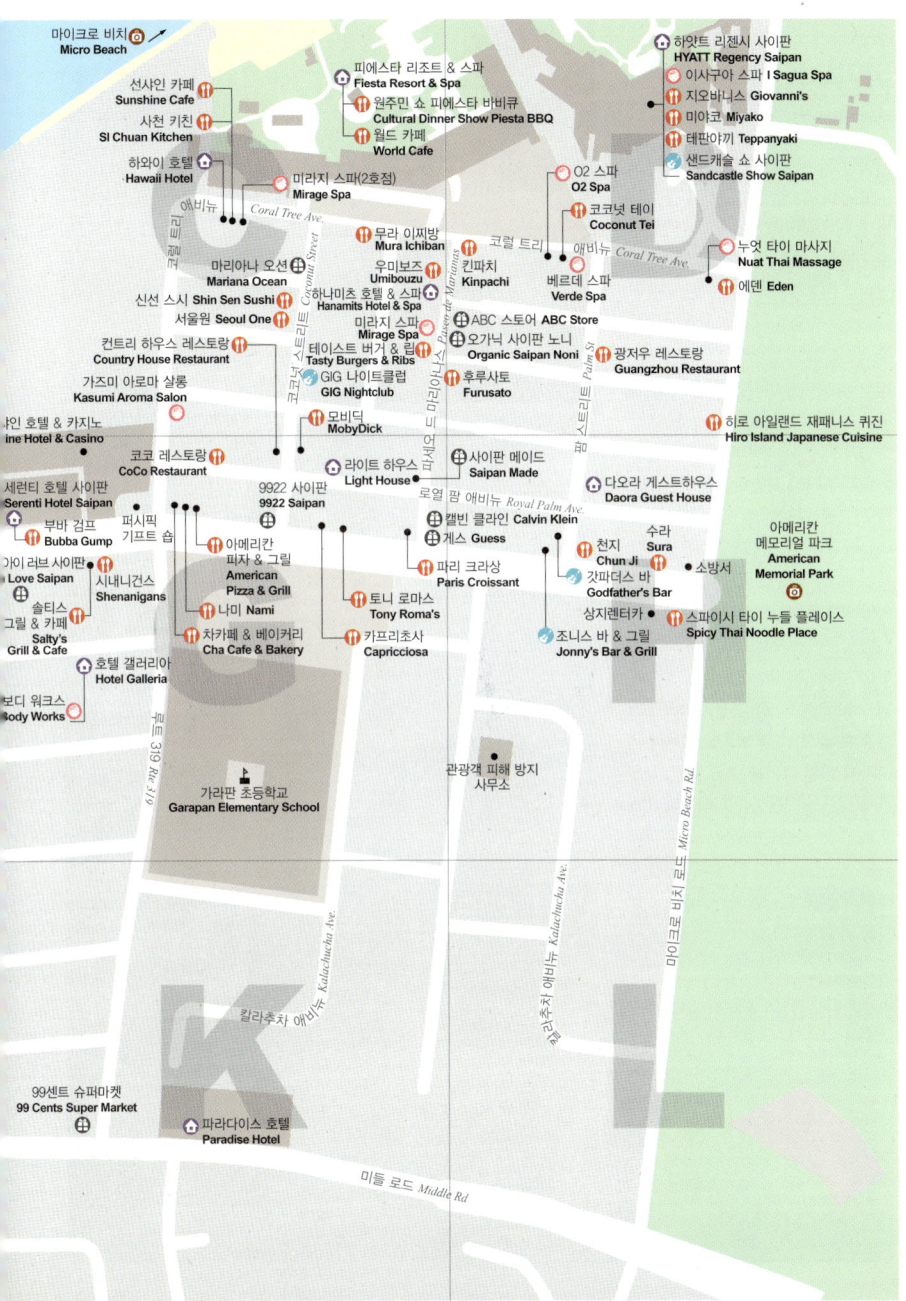

마이크로 비치 Micro Beach

선샤인 카페 Sunshine Cafe
사천 키친 SI Chuan Kitchen
하와이 호텔 Hawaii Hotel

피에스타 리조트 & 스파 Fiesta Resort & Spa
원주민 쇼 피에스타 바비큐 Cultural Dinner Show Piesta BBQ
월드 카페 World Cafe

미라지 스파(2호점) Mirage Spa

Coral Tree Ave.

애비뉴

마리아나 오션 Mariana Ocean
신선 스시 Shin Sen Sushi
서울원 Seoul One
컨트리 하우스 레스토랑 Country House Restaurant
가즈미 아로마 살롱 Kasumi Aroma Salon
마인 호텔 & 카지노 ine Hotel & Casino

무라 이찌방 Mura Ichiban
우미보즈 Umibouzu
하나미츠 호텔 & 스파 Hanamitsu Hotel & Spa
미라지 스파 Mirage Spa
테이스트 버거 & 립 Tasty Burgers & Ribs
GIG 나이트클럽 GIG Nightclub
모비딕 MobyDick

Coconut Street

코럴 트리 애비뉴 Coral Tree Ave.

킨파치 Kinpachi

하얏트 리젠시 사이판 HYATT Regency Saipan
이사구아 스파 I Sagua Spa
지오바니스 Giovanni's
미야코 Miyako
태판야끼 Teppanyaki
샌드캐슬 쇼 사이판 Sandcastle Show Saipan

O2 스파 O2 Spa
코코넛 테이 Coconut Tei
베르데 스파 Verde Spa

누엇 타이 마사지 Nuat Thai Massage
에덴 Eden

ABC 스토어 ABC Store
오가닉 사이판 노니 Organic Saipan Noni
후루사토 Furusato

광저우 레스토랑 Guangzhou Restaurant

히로 아일랜드 재패니스 퀴진 Hiro Island Japanese Cuisine

코코 레스토랑 CoCo Restaurant
라이트 하우스 Light House
9922 사이판 9922 Saipan
사이판 메이드 Saipan Made

다오라 게스트하우스 Daora Guest House

세런티 호텔 사이판 Serenti Hotel Saipan
부바 검프 Bubba Gump
가이 러브 사이판 Love Saipan
솔티스 그릴 & 카페 Salty's Grill & Cafe
호텔 갤러리아 Hotel Galleria
보디 워크스 Body Works

퍼시픽 기프트 숍

시내니건스 Shenanigans

아메리칸 피자 & 그릴 American Pizza & Grill
나미 Nami
차카페 & 베이커리 Cha Cafe & Bakery

파리 크라상 Paris Croissant
게스 Guess
토니 로마스 Tony Roma's
카프리초사 Capricciosa

캘빈 클라인 Calvin Klein
천지 Chun Ji
갓파더스 바 Godfather's Bar
죠니스 바 & 그릴 Jonny's Bar & Grill

Royal Palm Ave. 로열 팜 애비뉴

수라 Sura
소방서
스파이시 타이 누들 플레이스 Spicy Thai Noodle Place

아메리칸 메모리얼 파크 American Memorial Park

가라판 초등학교 Garapan Elementary School

관광객 피해 방지 사무소

루트 319 Rte. 319

킬라추차 애비뉴 Kalachucha Ave.

칼라추차 애비뉴 Kalachucha Ave.

마이크로 비치 로드 Micro Beach Rd.

99센트 슈퍼마켓 99 Cents Super Market

파라다이스 호텔 Paradise Hotel

미들 로드 Middle Rd

SIGHTSEEING

마이크로 비치

Micro Beach

사이판 섬 본토에서 가장 중심이 되는 아름다운 해변. 마나가하 섬 해변과 함께 사이판 최고의 비치로 꼽힌다. 하얏트 리젠시 사이판에서 그랜드 브리오 리조트까지 약 1km에 이르는 백사장이 펼쳐지는데, 날씨가 맑은 날에는 하루에 일곱 번이나 바닷물 색깔이 바뀔 정도로 아름답고 다채로운 풍경을 자랑한다. 백사장 어느 곳에서나 마나가하 섬이 한눈에 보이며 섬 주변으로 수심이 확연히 구분되는 타나팍 리프를 확인할 수 있다. 마이크로 비치의 풍경은 언제 봐도 아름답지만, 특히 해 질 무렵의 석양은 놓치지 말아야 할 장관이다.

해변 곳곳에 스포츠 숍이 자리하고 있어 스쿠버 다이빙, 스노클링, 윈드서핑, 제트스키 등 각종 해양 스포츠를 즐길 수 있고, 소형 보트를 이용해 마나가하 섬에 다녀올 수도 있다. 하얏트 리젠시 사이판이나 피에스타 리조트 & 스파, 그랜드브리오 리조트에서 숙박하는 경우 마치 전용 비치처럼 숙소에서 바로 접근할 수 있다는 것이 가장 큰 장점이다.

지도 P.89-C
위치 가라판 하얏트 리젠시 사이판에서 그랜드브리오 리조트까지 약 1km

아메리칸 메모리얼 파크

American Memorial Park

가라판 중심지에 위치한 녹음이 우거진 공원이다. 제2차 세계대전 당시 사망한 미군 희생자를 위한 위령비와 사이판 섬의 민간인 희생자를 기리는 추모비가 세워져 있다. 2005년에 세운 비지터 센터에서는 제2차 세계대전에 관한 귀중한 자료와 사진을 전시하고 있다. 전쟁 당시 사용했던 무기와 군인들의 생활용품 등이 보관되어 있어 전쟁의 아픔을 생생히 보여준다.

미국 군인들이 바라본 사이판의 원주민 모습과 제2차 세계대전 때 일본군과 미군의 사이판 탈환 과정을 살펴볼 수 있는 영상 자료를 상영하고 있다. 영상 및 기타 모든 자료는 영어, 한국어, 일본어로 관람이 가능하다. 하얏트 리젠시 사이판이나 피에스타 리조트 & 스파와 가까워 산책 코스로도 추천할 만하다.

지도 P.89–H
위치 가라판 하얏트 리젠시 사이판 건너편 마이크로 비치 로드 Micro Beach Rd에 위치
오픈 10:00~17:00
휴무 월요일
전화 670-234-7207
홈피 www.nps.gov/amme

산 이시드로 성당

San Isidro Chapel

사이판에서 가장 멋진 뷰를 감상할 수 있는 성당. 인적이 드문 언덕에 자리하고 있지만, 아늑하고 아기자기한 성당 건물과 탁 트인 뷰 때문에 찾아볼 만한 가치가 있다.

파스텔 컬러의 성당 건물은 규모가 그리 크지 않다. 오래 전 사이판으로 이주한 필리핀계 일족이 이 일대 땅을 소유하고 있는데, 그 가문 중 '워킹'이란 사람이 이 성당을 지었다고 한다. 내부는 여느 성당과 다르지 않은 분위기. 성당 중앙에 걸린 십자가와 미사를 드릴 때 사용하는 제대가 있다. 하지만 이곳의 진가는 내부보다 외부에 있다. 성당 앞마당에는 방문객을 위한 테이블과 의자가 준비되어 있고, 여기에서 필리핀해가 한눈에 보인다. 파란 하늘 아래 귤나무가 서 있는 풍경도 예쁘지만, 무엇보다 해 질 무렵 노을이 장관이다. 단, 노을 진 후 길이 어두워지니 주의할 것. 매점 등의 편의시설이 없기 때문에 물이나 음료는 미리 준비해가는 것이 좋다.

산 이시드로 성당을 비롯한 사이판 주요 관광지나 전망이 좋은 포인트에는 전쟁 때 세워진 일본군 관측소나 벙커 등 전쟁의 아픈 상흔이 남아 있으니 이를 살펴보는 것도 좋겠다.

지도 P.85–G
위치 가라판 미들 로드에서 로빗 드라이브 Robit Dr 따라 이동

DFS T 갤러리아 사이판

DFS T Galleria Saipan

사이판 최대의 쇼핑센터이자 이 지역의 랜드마크. 홍콩이 본사인 DFS T 갤러리아는 전 세계 15개국에 150여 개의 매장을 운영하고 있다. 세계 주요 도시 및 관광지에서 고객들의 선호도를 반영해 세계 최고의 브랜드를 한 자리에서 접할 수 있도록 매장을 구성했다. 1976년 문을 연 DFS T 갤러리아 사이판은 사이판의 번화가인 가라판 비치 로드에 위치하며, 패션 월드, 부티크 갤러리, 럭셔리 기프트 세 구역으로 나뉘어진 넓은 매장을 자랑한다. 각각의 테마에 따르는 상품을 충실하게 구비하고 있고, 원하는 제품을 쉽게 찾을 수 있는 플로어 레이아웃이다. 화장품과 향수, 캐주얼 브랜드, 한국인들이 선물용으로 많이 찾는 초콜릿과 양주, 사이판의 토속 기념품까지 폭넓은 아이템을 갖추고 있다.

매장 안에 환전소가 있으며 유모차 대여 서비스 등으로 손님을 배려한 섬세한 서비스가 돋보인다. 매장 내에서 한국 화폐와 카드 사용이 자유롭고 컨시어지에서 한국어 통역 서비스도 실시하고 있다. 때때로 펼치는 이벤트로 쇼핑뿐만 아니라 엔터테인먼트를 즐길 수 있는 복합 문화 공간의 역할도 톡톡히 한다.

지도 P.88–F
위치 가라판 비치 로드에 위치
오픈 10:30~22:00
휴무 연중무휴
전화 670-233-6602
홈피 www.tgalleria.com

Tip

DFS T 갤러리아 사이판에서 주요 호텔까지 1시간 간격으로 무료 셔틀버스를 운행한다. 또한 오후 4시까지 구입한 제품을 투숙하는 호텔까지 무료로 배달해주는 서비스도 편리하다. 구입한 물건에 이상이 있을 경우 한국에서 애프터서비스를 받을 수도 있다(DFS T 갤러리아 한국 고객서비스센터 02-732-0799).

©마리아나 관광청

가라판 스트리트 마켓

Garapan Street Market

사이판에서 빼놓을 수 없는 즐거움, 바로 가라판 스트리트 마켓을 구경하는 것이다. 매주 목요일 저녁이 되면 가라판 성당 맞은편 가라판 피싱 베이스에서 스트리트 마켓이 열린다. 사이판의 유명 레스토랑에서 거리 곳곳에 부스를 만들어놓고 평소보다 훨씬 저렴한 가격으로 음식을 판매한다. 수많은 현지인과 관광객이 오직 스트리트 마켓을 보기 위해 이곳으로 모여든다. 딤섬에서부터 각종 꼬치, 볶음국수에 떡볶이까지 세계 각국의 요리를 맛볼 수 있으며 구입한 음식을 그 자리에서 혹은 벤치나 공원 한쪽에 주저앉아 먹는 보기 드문 광경이 연출된다. 음식 가격은 보통 단품 1개당 $1~2 내외로 저렴하며 다섯 가지 음식을 $5에 살 수도 있다. 스트리트 마켓 한쪽에 설치된 무대에서는 원주민의 차모로 전통 공연이 열려 사람들의 눈과 귀를 즐겁게 한다. 전통 수공예품을 쇼핑하는 재미도 쏠쏠하다.

지도 P.88-l
위치 가라판 성당 맞은편 비치 로드 가라판 피싱 베이스에 위치
오픈 매주 목요일 17:00~21:00

SHOPPING

아이 러브 사이판(스타 샌즈 플라자)
I Love Saipan

사이판 최대의 기념품 전문점으로 DFS T 갤러리아 사이판 바로 옆에 있다. 간판에는 두 가지 명칭이 모두 표기돼 있지만 스타 샌즈 플라자보다는 '아이 러브 사이판 I♥Saipan'이라는 이름으로 더 많이 알려져 있다.

매장 내부에는 'I♥Saipan' 로고가 박혀 있는 각종 기념품이 전시·판매되고 있다. 기념품은 컵, 인형, 키홀더, 인테리어 소품부터 티셔츠, 신발, 수영복 등의 비치웨어까지 다양하다.

과자와 음료 등의 식품류도 취급하는데 한국 과자나 컵라면, 인스턴트 커피도 판매하고 있으니 꼭 기념품이 아니더라도 필요한 물품을 구매할 수도 있다.

매일 오후 7시부터 9시까지 1층 입구에서 원주민 댄스 공연이 펼쳐진다.

지도 P.89-G
위치 가라판 DFS T 갤러리아 사이판 옆
오픈 08:00~22:00
휴무 연중무휴
전화 670-233-3535
홈피 www.starsandsplaza.com

메이드 인 사이판

Made In Saipan

사이판 쇼핑 1번지라고 불리는 DFS T 갤러리아 사이판 뒤편에 자리하고 있다. DFS T 갤러리아 사이판의 명성에 가려 무심코 지나칠 수 있을 정도로 작고 소박한 외관을 지녔다. 하지만 이 소박한 곳에 들어가면 아기자기한 소품을 구경하느라 꽤 많은 시간을 투자해야 한다.

선물용으로 제격인 각종 사이판 특산품과 액세서리를 판매하며, 일본의 잡지에 소개되었던 만큼 일본인들이 좋아하는 아기자기한 물건이 많이 있다.

한국인 운영자가 상주하고 있어서 의사 소통에 어려움이 없는 것도 장점. 특히 노니 제품을 저렴한 가격에 구입할 수 있으며, 가라판 스트리트 마켓에 부스를 열어 노니 제품을 판매하기도 한다.

지도 P.88-F
위치 가라판 DFS T 갤러리아 사이판 버스 주차장 앞, 청기와 옆
오픈 10:00~18:00
휴무 일요일
전화 670-233-6233

사이판 메이드

Saipan Made

가라판 스퀘어 앞에
위치한 오가닉 전문
숍이다. 고급스럽고
아기자기한 인테리
어 덕에 쇼핑 욕심
이 없는 여행자도
한번쯤 기웃거리게

만든다. 오가닉 제품 중 인기 품목은 역시 노니 나무 열
매를 주원료로 한 노니 주스, 노니 샴푸, 노니 차, 노니
오일 등이다. 노니는 사이판, 하와이 등 남태평양 청정
섬에서 자라는 열대 식물로 혈액 순환, 자가 치유 능력
에 효능이 있다고 알려져 선물용으로 인기가 좋다. 이
밖에도 열대 섬의 분위기를 물씬 풍기는 컬러풀한 목걸
이, 팔찌 등 액세서리가 있으며, 미국 본토에서 들어오
는 오가닉 커피와 코코아도 한국인 여행자들이 선호한
다. 한국어가 가능한 직원이 상주하고 있어서 의사 소
통이 편리하다.

지도 P.89-G
위치 가라판 스퀘어 게스 건너편, 파리 크라상 옆
오픈 12:00~22:00
휴무 연중무휴
전화 670-989-2220, 670-233-1881

ABC 스토어

ABC Store

우리나라의 ABC 마트는 신발 전문 판매점이지만 사이
판의 ABC 스토어는 기념품과 생필품을 판매하는 편의
점에 가깝다. 선글라스나 수영복 등 바닷가에서 필요한
의류부터 선크림, 슬리퍼 등의 잡화류, 각종 음료수, 컵
라면 등의 식료품에 이르기까지 여행자에게 필요한 모
든 것을 갖추고 있다. 기념품으로는 티셔츠와 사이판
로고가 새겨진 골프공 등 지인에게 간단히 선물할 수
있는 것들이 있다. 버츠비 제품은 한국보다 훨씬 저렴
해 여성 관광객이 많이 구입하는 아이템이다.
가라판 시내에는 ABC 스토어가 두 곳 있다. 한 곳은 파
세오 드 마리아나 Paseo De Marianas 거리의 하나미
츠 호텔 & 스파 건너편에, 다른 곳은 DFS T 갤러리
아 사이판 맞은편 조텐 하파다이 쇼핑센터 내에 있다.

지도 P.89-D
위치 가라판 하나미츠 호텔 & 스파 맞은편(가라판 프롬네이
드점), DFS T 갤러리아 사이판 맞은편의 조텐 하파다이 쇼
핑센터 내(조텐 하파다이 쇼핑센터점)
오픈 08:00~23:30(주류 판매 마감은 22:00)
휴무 연중무휴
전화 670-233-8921(가라판 프롬네이드점), 670-233-
8926(조텐 하파다이 쇼핑센터점)
홈피 abcstores.com

SHOPPING

마리아나 오션
Mariana Ocean

사이판 북부에 위치한 마리아나 리조트 & 스파에서 운영하는 홈스파 제품 매장이 가라판에도 지점을 오픈했다. 사이판 현지에서 직접 재배한 유기농 허브와 천연 오일로 만든 제품이 여성들의 구매욕을 자극한다. 향기 좋은 비누와 오일, 샤워젤, 샴푸 등 목욕 제품이 대부분이고, 립밤과 핸드크림 등은 부피도 작고 저렴해서 선물용으로도 좋다.

지도 P.89-C
위치 가라판 스퀘어 코코넛 스트리트에 위치
오픈 10:00~22:30(일요일 14:00~22:30)
휴무 연중무휴
전화 670-233-0418
홈피 www.marianaocean.com

SHOPPING

게스
Guess

파세오 드 마리아나스 Paseo de Marianas 거리 초입에 자리 잡고 있으며 게스 브랜드 제품뿐만 아니라 일부 나이키 제품도 함께 판매한다. 정식 매장이기는 하지만 주로 이월 상품을 저렴하게 판매하는 곳이다. 잘 정돈된 느낌은 아니어서 원하는 상품을 찾기 쉽지 않지만, 타이밍이 잘 맞으면 질 좋은 의류를 저렴한 가격에 구입할 수 있다.

지도 P.89-G
위치 가라판 파세오 드 마리아나스 Paseo De Marianas에 위치. 파리크라싱 맞은 편
오픈 11:00~22:00(일요일 18:00까지)
휴무 연중무휴
전화 670-233-0569

9922 사이판

9922 Saipan

외관은 레스토랑처럼 보이지만 쇼핑하기 좋은 드러그 스토어. 가라판 비치 로드 중심부에 위치해 접근성이 좋다. 태국이나 홍콩 등 동남아시아에서 쉽게 볼 수 있는 왓슨과 부츠 같은 매장과 비슷하지만 규모가 좀 큰 편으로 생각하면 된다. 밝고 쾌적한 실내가 쇼핑 욕구를 자극한다. 비타민 등 건강보조제와 간단한 의약품을 구매할 수 있고, 선물용으로 좋은 노니 제품과 유기농 코코넛 오일, 고디바 초콜릿, 말린 망고, 바나나칩 등도 인기. 미국의 유명한 유아용품 브랜드인 닥터 브라운스 Dr. Brown's, 베이비가닉스 bobyganics 등의 제품도 엄마들의 워너비 리스트 1순위.

지도 P.89-G
위치 가라판 비치 로드, 가라판 초등학교 건너편
오픈 10:00~23:00
휴무 연중무휴
전화 670-233-3075

오가닉 사이판 노니

Organic Saipan Noni

사이판 쇼핑 품목 1순위인 노니 제품으로 가득한 노니 전문 매장이다. 노니 관련 제품이 이렇게 많았구나, 하고 감탄할 정도로 매장 안에 다양한 상품이 진열돼 있다. 그중 노니 주스, 노니 비누, 노니 차는 대표적인 인기 상품. 특히 젊은 여행자들은 노니 샴푸 · 컨디셔너, 노니 클렌징폼, 노니 오일 등 헤어와 보디 제품을 선호한다. 특히 노니 클렌징폼은 소독과 진정 작용이 있어 여드름 등 피부 트러블에 효과적이라고. 노니와 다른 아이템을 접목한 노니 커피, 노니 코코넛 오일, 노니 식초 등 이색 제품도 많아 노니 마니아들에게 즐거운 명소다. 한국인이 운영하기 때문에 한국어로 노니에 대한 자세한 설명을 들을 수 있고, 구입에 앞서 노니 차를 시음할 수 있다.

지도 P.89-D
위치 가라판 스퀘어 ABC 마트 옆, 미라지 스파 맞은편
오픈 10:00~22:30(일요일 14:00~22:30)
휴무 연중무휴
전화 670-483-2816

99센트 슈퍼마켓
99 Cents Super Market

독특한 상호 때문에 한국의 다이소나 천냥마트 같은 곳을 연상하고 방문하는 이가 많지만, 사실 사이판 현지인들이 이용하는 평범한 슈퍼마켓이다. 다만 한국인이 운영하는 마트답게 한국 식재료는 물론 생필품, 잡화 등 다양한 제품을 갖추고 있다. 특히 종류를 헤아릴 수 없이 다양한 미국 브랜드의 소스와 냉동식품은 요리하고 싶은 충동을 부른다. 24시간 연중무휴로 운영하여 편의점에 익숙한 한국인 여행자들에게 반갑다. 특히 주류가 저렴해서 일정을 마치고 가까운 센추리 호텔, 파라다이스 호텔에 투숙하는 여행자들이 찾기 편리하다.

지도 P.89-K
위치 가라판 미들 로드, 센추리 호텔과 파라다이스 호텔 사이
오픈 24시간
휴무 연중무휴
전화 670-233-0099

캘빈 클라인
Calvin Klein

한국인에게 너무 친숙한 브랜드라서 굳이 사이판에서 방문할 필요가 있을까 싶지만, 인기 브랜드의 제품을 다양하고 꼼꼼히 살펴볼 수 있는 게 장점. 캘빈 클라인을 대표하는 청바지부터 100% 면 티셔츠, 휴양지에서 시원하게 입을 수 있는 여성용 원피스와 민소매 티셔츠 등도 인기. 또 캘빈 클라인 로고가 선명하게 찍힌 다양한 색감의 속옷은 소재가 좋은 데 비해 가격이 저렴한 편이다. 사이판 전 지역이 면세 구역인 데다가 미국 브랜드이기에 한국보다 저렴한 건 당연하다. 일부 품목은 30% 이상 세일하기 때문에 여행 중에 선호하는 브랜드를 저렴하게 구입할 수 있다.

지도 P.89-G
위치 가라판 스퀘어 사이판 메이드 맞은편
오픈 12:00~22:30
휴무 연중무휴
전화 670-233-0829

RESTAURANTS

솔티스 그릴 & 카페
Salty's Grill & Cafe

여행자들로 북적이는 가라판 중심에 위치한 차모
로 요리 전문점. 사이판 여행의 필수 코스인 아이
러브 사이판 옆에 자리하지만, 비교적 여유롭게
식사할 수 있는 게 이상할 만큼 맛과 분위기, 서비
스가 모두 훌륭하다. 저녁에만 문을 여는 것이 특
징. 시내가 내려다보이는 2층 야외에 테이블이 마련
된 오픈 에어 구조라 밤의 낭만을 만끽하기에도 좋다. 전체적으로 화려
한 장식이 없는 캐주얼한 분위기로 마치 사이판 현지인의 집에 저녁식사
초대를 받아 테라스에서 식사하는 듯하다. 대표 메뉴는 현지인들이 파티
음식으로 내놓는 바비큐 그릴 요리다. 해산물, 육류, 소시지, 채소 등을
구워서 바로 먹는 맛이 일품. 이외에도 사이판식 참치회 무침인 포키, 닭
가슴살 샐러드인 켈라구엔 등 전통 차모로 요리도 다양하다. 한국의 밥
공기보다 조금 큰 그릇에 음식을 담아서 내놓는 볼 메뉴도 추천한다. 주
류를 주문할 수 있는 바가 따로 있어서 식사하지 않는 손님도 가볍게 한
잔할 수 있다.

지도 P.89-G
위치 가라판 비치 로드, 아이 러브 사이판 옆
오픈 18:00~21:00
휴무 연중무휴
요금 차모로 세트 $35~40, 메인 메뉴 $8~15, 바비큐 $10~35, 볼 메뉴 $10
전화 670-888-9451
홈피 www.saltys670.com

부바 검프
Bubba Gump

최근 사이판의 핫 플레이스로 떠오른 새우 요리 전문점. SNS를 통해 만족스럽다는 후기가 쏟아지고 있는 곳이다. 인기의 비결은 맛과 서비스. 주재료인 싱싱한 새우를 튀기고, 굽고, 볶아서 다양한 메뉴를 선보인다. 모둠 새우튀김과 감자튀김이 세트로 구성된 쉬림퍼스 헤븐을 비롯해 모든 메뉴가 편차 없이 평균 이상의 맛을 자랑한다. 미국 음식을 대표하는 수제 햄버거와 푸짐한 양이 매력적인 시저 샐러드도 추천 메뉴. 사이판의 대형 패밀리 레스토랑인 카프리초사, 토니 로마스를 운영하는 Triple J 그룹에서 운영하는 곳으로 안정적인 맛과 서비스를 기대할 수 있다. 어린이와 동행하기에도 좋은 쾌적한 패밀리 레스토랑 분위기로 입구에 기념사진을 남길 수 있는 포토존이 마련돼 있으며 레스토랑 안에 기념품숍도 갖추고 있다.

지도 P.89-G
위치 세런티 호텔 사이판 내 1층
오픈 평일 11:00~22:00,
주말 11:00~23:00
휴무 연중무휴
요금 메인 메뉴 $20~,
샐러드 $10~
전화 670-233-8592

RESTAURANTS

아이홉

I Hop

브런치에 특화된 미국 본토 프렌차이즈 식당이 최근 사이판에 문을 열었다. 파란색 입간판을 따라 식당 안으로 들어서면, 사이판 지점에 걸맞게 열대 과일을 테마로 알록달록하게 꾸며진 인테리어가 눈길로 사로잡는다. 추천 메뉴이자 대표 메뉴는 미국식 팬케이크. 푸짐하게 쌓인 팬케이크에 시럽을 넉넉하게 뿌리고 생크림을 잔뜩 올려서 먹으면 더위에 지친 몸과 마음에 달콤한 에너지가 충전된다. 이 외에도 오믈렛, 와플, 프렌치토스트 등 아침 식사나 브런치로 부담 없이 즐길 수 있는 메뉴가 다양하게 준비돼 있다. 싱싱한 채소를 푸짐하게 넣은 토르티야와 사이드 메뉴로 나오는 감자튀김, 그리고 달콤 쌉쌀한 아이스티의 궁합이 잘 어울린다. 합리적인 가격에 친근한 미소가 매력적인 직원들의 서비스를 받을 수 있다는 것도 장점이다.

지도 P.88-E
위치 가라판 비치 로드 맥도날드 대각선 맞은편
오픈 07:00~22:00
휴무 크리스마스, 추수감사절
요금 팬케이크 $4.49~, 와플 $5.50~, 음료 $2~,
전화 670-233-4467
홈피 https://restaurants.ihop.com

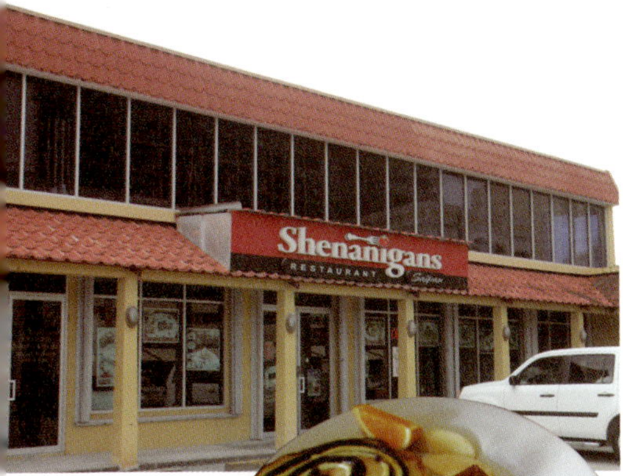

RESTAURANTS

시내니건스

Shenanigans

가라판 중심부에 위치한 레스토랑. 해산물, 파스타, 샌드위치 등 다양한 메뉴를 맛볼 수 있다. 합리적인 가격에 푸짐한 아침식사를 즐길 수 있어 가라판 시내의 3~4성급 호텔이나 게스트하우스에 묵는 실속형 여행자들이 즐겨 찾는다. 대표 메뉴는 전통적인 미국식 아침식사인 달걀, 베이컨, 토스트로 구성된 클래식 믹스 앤드 매치 Classic Mix And Match이다. 이외에도 부드러운 빵과 달걀의 고소한 풍미를 한입에 즐길 수 있는 에그 베네딕트, 스크램블 에그에 불에 살짝 구운 연어를 올린 메뉴도 인기가 높다. 기호에 따라 서너 가지의 사이드 메뉴를 선택해 나만의 세트를 주문할 수 있으니 참고할 것. 채식주의자를 위한 메뉴도 준비돼 있으며 저녁에는 생맥주 코너를 마련해 저렴하게 판매한다.

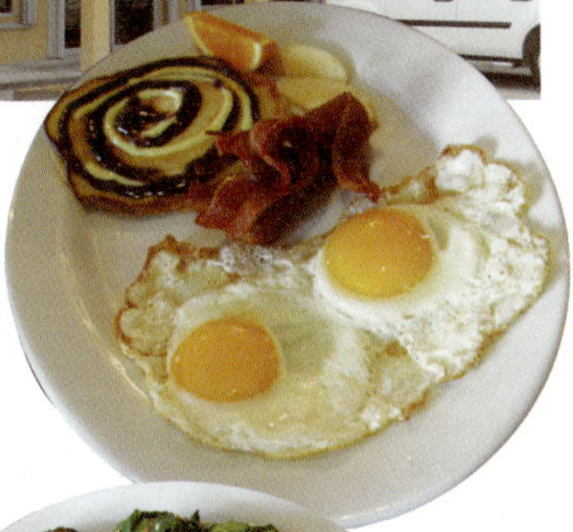

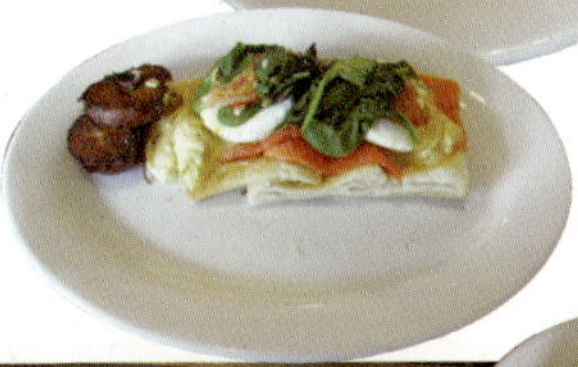

지도 P.89-G
위치 가라판 비치 로드 아이 러브 사이판 옆
오픈 07:30~21:00
휴무 연중무휴
요금 단품 $12~, 아침 식사 $14~, 음료 $2~
전화 670-233-8324

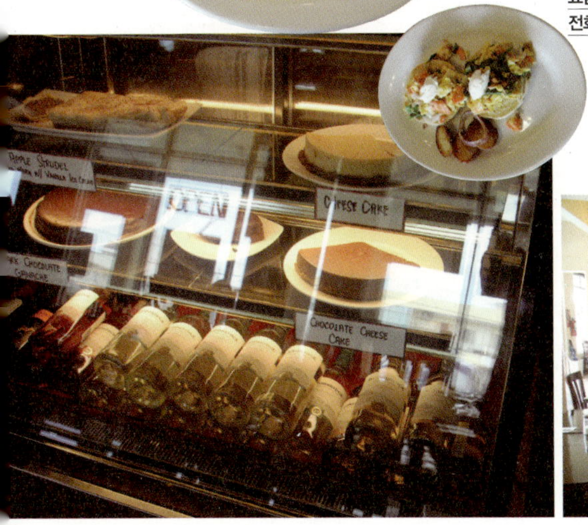

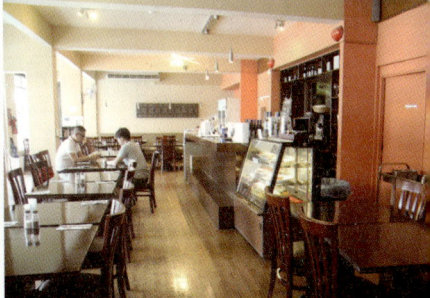

RESTAURANTS

컨트리 하우스 레스토랑

Country House Restaurant

레스토랑 입구부터 미국 서부 개척 시대의 분위기를 물씬 풍기는 스테이크 전문 레스토랑이다. 1992년 문을 연 이곳은 미국 서부 느낌을 그대로 살리기 위해 주인이 직접 댈러스까지 가서 현지 레스토랑을 살펴보고 벤치마킹했다고 한다. 식재료로 사용하는 소고기 또한 앵거스 비프 협회 Certified Angus Beef의 인증을 받은 최고급 쇠고기를 사용한다. 그 덕분인지 한창 붐비는 시간에는 줄을 서서 기다려야 할 정도로 인기가 많다. 추천 메뉴는 등심 스테이크 Sirloin Steak. 육즙이 풍부한 등심 스테이크가 뜨거운 석쇠에 담겨 나온다. 손님의 식 사량에 맞출 수 있도록 220g, 330g으로 양을 달리했다. 독특한 버섯 소스를 곁들인 수제 햄 버그 스테이크 또한 앵거스 비프를 사용하면서 합리적인 가격으로 인기가 높다. 세트 메뉴는 저녁시간에만 제공하며 주문한 음식은 포장이 가능하다.

지도 P.89-G
위치 가라판 코코넛 스트리트 모비딕 맞은편
오픈 11:00~14:00, 17:30~22:30
휴무 연중무휴
요금 애피타이저 $5~15, 스테이크 $12~40, 음료 $3~4, 맥주 $5~6
전화 670-233-1908
홈피 www.countryhouse.co.jp

모비딕
MobyDick

해산물을 전문으로 하는 컨트리 하우스 레스토랑의 자매점으로 1997년 오픈했다. 캘리포니아 주의 롱비치에 있는 한 레스토랑에서 영감을 얻어 설계했다는 이곳은 19세기 미국 문학의 대가 허먼 멜빌의 해양 소설 〈모비딕 Moby Dick〉에서 이름을 따왔다.

다양한 시푸드 요리를 취급하지만 주 메뉴는 랍스터이다. 사이판 인근 해역에서 잡히는 록 랍스터 Rock Lobster 요리를 추천한다. 토마토와 여러 해산물을 삶은 부야베스 Bouillabaisse, 맥주와 잘 어울리는 꼬치구이 등 다양한 메뉴가 있다. 테라스에도 좌석이 있어 더위가 조금 누그러진 저녁 시간에는 야외에서 식사도 가능하다.

지도 P.89-G
위치 가라판 코코넛 스트리트 컨트리 하우스 레스토랑 맞은편
오픈 11:00〜14:00, 18:00〜22:00(마지막 주문 21:30)
휴무 연중무휴
요금 사이판 록 랍스터 $39, 랍스터 $68, 해산물 요리 $15〜, 음료 $2〜, 요일별 런치 메뉴 주문 가능
전화 670-233-1910
홈피 www.countryhouse.co.jp/mobydick

토니 로마스
Tony Roma's

미국 플로리다에서 출발한 바비큐 립 레스토랑으로 전세계 260여 개의 매장을 가지고 있다. 이곳의 대표 메뉴는 소스 맛이 잘 배어든 부드러운 립 요리. 1972년 창업한 이래 변함없는 맛을 자랑한다. 새끼 돼지의 등갈비를 사용해 잡냄새가 덜 나고 식감이 부드럽게 요리한다. 사이드 메뉴로 사랑받는 프라이드 어니언도 맛있다. 다른 매장에서 볼 수 없는 토니 로마스 피시 그릴 마이마이도 추천 메뉴다. 아이가 있는 가족이 간편하게 먹으면서도 메뉴에 대해 실패할 확률이 거의 없는 레스토랑이다.

지도 P.89-G
위치 가라판 비치 로드 파리크라상과 카프리초사 사이
오픈 11:00~23:00(마지막 주문 22:00)
휴무 연중무휴
요금 오리지널 베이비 백립 $30(full slab), 햄버거 $11, 샐러드 $14.99~, 음료 $2~6.5, 키즈밀 있음
전화 670-233-9193
홈피 www.tonyromas.com/locations/saipan

하드록 카페
Hard Rock Cafe

미국 문화의 전령사 역할을 하고 있는 '하드 록 카페'는 미국은 물론 세계 여러 나라에 퍼져 있다. 일반적인 하드 록 카페의 콘셉트는 나이트라이프에 어울리는 곳이지만, 사이판의 하드 록 카페는 레스토랑의 성격이 강하다. 아메리칸 사이즈의 햄버거와 스테이크, 샐러드 등 충실한 메뉴를 갖추고, 양도 푸짐해서 든든한 식사를 할 수 있다. 어린이 메뉴가 있어서 어린이를 동반한 가족여행객들도 눈에 띈다.

록 팬들의 마음을 사로잡는 유명한 로커들의 기타나 골든 디스크 등 귀중한 컬렉션이 실내 곳곳에 장식되어 있어 보는 재미도 쏠쏠하다. 매주 화요일부터 목요일 저녁 7시 30분~8시 30분까지 라이브 음악을 들을 수 있다.

지도 P.88-F
위치 DFS T 갤러리아 사이판 건물 남쪽 끝
오픈 10:30~22:30(마지막 주문 21:45)
휴무 연중무휴
요금 햄버거 $17.95~, 샐러드 $17.95~, 음료 $4~, 맥주 $5.95~, 키즈밀 있음
전화 670-233-7625
홈피 www.hardrock.com

RESTAURANTS

코코 레스토랑
CoCo Restaurant

스테이크와 랍스터 전
문점이다. 한국인 운영
자가 1999년 오픈한 이래
현지인들에게 꾸준히 사랑받
고 있다. 이곳은 고기를 굽는 방법이 여느 스테이크 집
과 다르다. 실내에 벽난로를 설치하고 숯불구이 코너를
마련해 한국에서 공수해온 참숯으로 고기를 굽는다. 바
비큐를 즐겨 먹는 현지인들에게 바비큐 맛이 느껴지는
스테이크는 신선한 충격이었고, 손님들이 끊임없이 이
곳을 찾게 하는 인기 비결이 되었다. 스테이크뿐만 아
니라 랍스터, 게 등의 메인 요리도 맛있게 구워져 나온
다. 해산물 코스 요리 A도 인기 메뉴 중 하나. 캐주얼한
분위기에서 풍성한 식사를 하기에 적합한 곳으로 저녁
식사 예약이 필수다. 포장도 가능하다.

지도 P.89-G
위치 사이판 DFS T 갤러리아 사이판에서 비치 로드 따라 가
다가 Coral Tree Ave와 만나는 사거리에서 좌회전 후 한 블
록 뒤 우회전, Royal Palm Ave에 위치
오픈 17:00~22:00(마지막 주문 21:00)
휴무 일요일 점심
요금 스테이크 $22~30, 랍스터 $80~, 음료 $3~, 맥주
$6.50~(S.C 10%), 런치 메뉴 $10~12, 키즈밀 있음
전화 670-233-2626(영어 예약), 670-287-1121(한국어 예약)
홈피 www.cocosaipan.com/kr

RESTAURANTS

테이스트 버거 & 립스
Tasty Burgers & Ribs

가라판 시내 중심부
에 있으나 규모가 작
아 눈에 띄지는 않는
숨은 맛집이다. 가게
는 서너 명만 앉아도
자리가 꽉 찰 정도로
공간이 협소하지만 제대로 된 미국식 버거, 핫도그, 립
을 맛볼 수 있다. 특히 육즙이 줄줄 흐르는 두툼한 수제
패티와 신선한 채소를 아낌없이 올린 버거가 추천 메
뉴. 단순한 재료로 고급스러운 맛을 선사한다. 메뉴가
다양하지는 않지만 무엇을 선택해도 만족스럽다. 세트
메뉴 주문 시 프렌치 프라이와 해시 브라운 포테이토
중 원하는 메뉴를 선택할 수 있다.

여행자들보다 현지인들이 많이 찾는 로컬 맛집으로 가
라판 시내 한복판에 위치한 것을 고려하면 가격도 저렴
한 편이다. 항상 좋은 식재료를 사용한다는 경영 원칙
에 사이판의 유명 리조트인 피에스타 리조트에서 관리
한다는 사실이 신뢰감을 더한다. 오픈 주방 형태라 주
문한 버거를 셰프가 어떻게 요리를 하는지 지켜보는 재
미도 쏠쏠하다. 사이판 여행을 준비하면서 미국식 버
거, 핫도그, 립 등을 위시 리스트에 담아두었다면 만족
할 만하다.

지도 P.89-C
위치 가라판 ABC 스토어 건너편, 미라지 스파 옆
오픈 11:30~21:00
휴무 연중무휴
요금 메인 메뉴 $12~, 음료 $2~
전화 670-233-7787

지오바니스
Giovanni's

하얏트 리젠시 사이판 내에 있는 이탈리안 레스토랑이다. 사이판에서 정통 이탈리아 요리를 만끽하며 파인 다이닝을 할 수 있는 최적의 장소이다. 높은 천장에 한쪽이 통유리로 되어 있어 하얏트 리젠시 사이판의 아름다운 정원을 조망할 수 있다. 해가 지는 시간에는 붉은 노을이 은은하게 레스토랑 전체를 감싸 로맨틱한 분위기가 한층 고조된다. 테이블마다 촛불이 켜지고 함께 온 사람에게 완벽히 집중할 수 있는 시간을 선사한다.

이탈리아 북부에서 온 베테랑 셰프가 만들어내는 요리들은 식재료마다 최상의 맛을 찾아내 조화롭게 어우러진다. 보기에도 예쁜 음식들이 하나씩 서브되어 나올 때마다 작은 환호를 지르게 된다. 오감을 총동원해서 맛보는 이탈리아 요리는 감히 사이판 최고라고 말할 수 있다. 식재료 일부는 이탈리아에서 공수해온다.

지도 P.89-D
위치 하얏트 리젠시 사이판 내
오픈 18:00~22:00(금요일 런치 뷔페 11:30~14:00, 선데이 브런치 10:30~14:00)
휴무 월요일
요금 샐러드 $12~, 피자 $15~, 스파게티 $16~, 금요일 런치 뷔페 $36, 선데이 브런치 $50
전화 670-234-1234
홈피 saipan.regency.hyatt.com

카사 우라시마
Casa Urashima

일본인 가족이 운영하는 이탈리안 퓨전 레스토랑. 이탈리안 요리를 베이스로 일본 요리의 풍미를 더해 사이판 현지인과 교민들에게 사랑받고 있다. '카사' 는 스페인어로 집, 혹은 가족이란 뜻이며 '우라시마' 는 레스토랑을 운영하는 일본인의 성이다. 한국식으로 풀면 '우라시마네' 정도. 규모가 크지는 않지만 일본 특유의 아기자기한 인테리어와 전체적으로 모던한 실내 분위기가 멋스럽다. 피자나 파스타 등 일반 이탈리안 레스토랑의 메뉴를 대부분 갖추고 있으며, 사이판 현지 식재료를 쓴 샐러드 메뉴도 인기가 많다. 그중 밑간한 참치와 싱싱한 아보카도에 크림 타입 와사비 소스를 곁들인 참치와사비 샐러드는 추천 메뉴. 이탈리아 대표 샐러드 카프리제를 연상하게 하는데 우리 입맛에도 익숙한 일본 음식의 맛과 향을 더해 주목할 만하다. 이밖에도 수제 아이스크림, 셔벗, 초코케이크 등의 디저트류도 별미. 신선한 식재료와 퀄리티 높은 맛으로 전반적으로 만족도가 좋지만, 양이 조금 적다는 평도 있으니 참고하자.

지도 P.88-ㅓ
위치 가라판 성당 뒤쪽
오픈 17:00～22:00
휴무 일요일
요금 메인 메뉴 $12～50, 디너 세트 2인용 $100, 파스타 & 피자 $9～14, 애피타이저 & 샐러드 $9～12
전화 670-233-3303(야간), 670-287-3303(주간)

카프리초사

Capricciosa

'카프리초사'는 일본인이 만든 이탈리안 캐주얼 레스토랑으로 일본에만 100여 개가 넘는 매장을 가지고 있고 남태평양 지역에도 지점이 여러 곳 있다. 밝고 환한 레스토랑 분위기와 원색 포인트 인테리어, 캐주얼한 차림의 친절한 직원들은 카프리초사의 트레이드 마크.

이곳의 인기 비결 중 하나는 이탈리아의 지정된 농원에서 공수해온 토마토로 만든 소스. 재료 선정에 엄격한 만큼 맛도 훌륭하고 양도 푸짐한 편이다. 직원들이 자신 있게 추천하는 오징어먹물 스파게티인 칼리마리 네로와 마늘과 후추를 곁들인 포모도로도 맛있다.

한국어와 그림 메뉴가 함께 있어서 주문 시 편리하다.

지도 P.89-G
위치 비치 로드의 토니로마스와 같은 건물
오픈 11:00~22:00
휴무 연중무휴
요금 스파게티 $11~25, 피자 $15~25, 스파게티 $7, 피자 $7
전화 670-233-9194

아메리칸 피자 & 그릴

American Pizza & Grill

같은 자리에서 20년째 영업 중인 사이판의 원조 맛집. 다른 지역에 비해 변화의 흐름이 비교적 더딘 사이판이지만, 강산이 두 번 변할 동안 한자리를 지키고 있었다는 것은 믿을 수 있는 맛집이라는 뜻. 미국 성조기를 연상시키는 입간판을 지나 안으로 들어서면 넓고 깔끔한 레스토랑 내부가 눈에 들어온다. 미국식 패밀리 레스토랑처럼 활기차고 시끌벅적한 분위기라 어린아이를 동반한 가족 단위 여행자도 눈치 보지 않고 식사하기 좋다. 메뉴판은 사진과 함께 정리돼 있고, 한국어 메뉴판도 준비되어 있어 수월하게 주문할 수 있다. 100% 미국산 소고기를 사용한 햄버거와 샌드위치가 인기 있으며, 피자와 치킨 등 익숙한 메뉴가 많다. 디저트로 아이스크림을 판매해 어린이들도 좋아한다.

지도 P.89-G
위치 가라판 비치 로드 가라판 초등학교 건너편
오픈 08:30~22:00
휴무 연중무휴
요금 메인 메뉴 $6.95~13.50, 피자 $12.95~29.95, 아침 식사 $10 전후
전화 670-233-1180

미야코

Miyako

'미야코'라는 일본의 지명을 그대로 가져온 하얏트 리젠시 사이판 내에 있는 일식당이다. 일본인 관광객이 많은 사이판에서 입소문 난 일식 레스토랑이라 충분히 기대할 만하다.

실내는 세련되고 모던한 공간을 자랑한다. 나뭇결을 살린 테이블 위는 정갈하게 세팅되어 있고, 베테랑 셰프가 스시 카운터에서 쉴 새 없이 초밥을 만들고 생선회를 썰어 내놓는다. 중요한 식재료는 일본의 대형 수산시장에서 직송한 것을 사용하며 사이판 인근 바다에서 잡은 신선한 생선도 잘 손질해 메뉴로 올린다.

일품 요리와 디너 세트 메뉴도 훌륭하지만 여행자라면 일식 런치 뷔페에 관심을 가져보자. 스시, 생선회, 튀김, 샤부샤부 등 수십 가지 요리를 푸짐하게 맛볼 수 있다. 호텔 내 베이커리에서 만든 케이크와 과일 등 달콤한 디저트도 빼놓을 수 없는데, 특히 치즈케이크 맛이 좋다.

일식 런치 뷔페는 예약하지 않으면 갈 수 없을 정도로 인기가 높다. 여행 중 일식당에 방문할 계획이라면 예약을 서두르자.

지도 P.89-D
위치 하얏트 리젠시 사이판 내
오픈 11:30~14:00, 18:00~22:00
휴무 일요일
요금 일품 요리 $9~15, 디너 세트 $40~70, 런치 뷔페 $36(6세 미만 무료), 음료 $4~, 맥주 $6~, 키즈밀 있음
전화 670-234-1234
홈피 saipan.regency.hyatt.com

아지센 라멘

Ajisen Ramen

제대로 된 일본 라멘을 맛볼 수 있는 라멘 전문점이다. 일본의 유명 프렌차이즈 레스토랑으로 2016년 가을 사이판에 문을 열었다. 아지센 라멘이 등장하기 전에도 사이판에 라멘을 먹을 수 있는 일식당은 있었지만 진짜 정통 라멘을 맛볼 수 있는 곳은 드물었다고. 현재는 다양한 종류의 라멘을 선보여 현지에서 마니아층이 늘고 있다. 한국인에게 친숙한 미소라멘 등의 라멘 메뉴와 한국인을 겨냥한 김치볶음밥, 탱글탱글한 면발을 살린 중국식 탄탄면, 싱싱한 야채와 해산물이 들어간 볶음국수까지 여행자를 위한 다국적 메뉴를 선보인다. 프랜차이즈 레스토랑 특유의 쾌적한 분위기와 부담 없는 가격에 한 끼 식사를 할 수 있는 '가성비' 덕분에 젊은이들에게 인기가 높다. 따뜻한 국물이 당길 때 방문해볼 것을 추천한다.

지도 P.88-E
위치 가라판 비치 로드 아이홉 레스토랑 옆
오픈 10:00~22:00
휴무 연중무휴
요금 라멘 $10~12, 사이드 메뉴 $4~6
전화 670-233-0303~4

테판야끼

Teppanyaki

사이판의 대표 호텔인 하얏트 리젠시 사이판 내에 있는 일식당이다. 사이판 최고의 맛집으로 꼽히는 미야코의 명성을 잇는 다크호스로 상호명에서 짐작하듯 대표 메뉴가 철판 요리를 뜻하는 테판야끼다. 주재료는 요금에 따라 달라지는데 소고기, 랍스터 등 해산물 중에 선택하거나 소고기와 해산물을 모두 포함할 수도 있다. 각 세트에는 볶음밥, 샐러드, 국, 디저트가 기본으로 제공된다.

맛도 맛이지만 모름지기 테판야끼의 매력은 담당 테이블 셰프가 선보이는 철판 퍼포먼스를 눈앞에서 감상하는 것. 널찍한 철판 위에 싱싱한 재료를 올리고 요리하는 모습은 허기를 잊게 할 만큼 화려하고, 현란한 칼솜씨와 불쇼가 식사의 즐거움을 두 배로 높여준다. 한국에서 쉽게 접할 수 없는 테판야끼를 일본 현지보다 저렴한 가격에 푸짐하게 즐길 수 있다.

지도 P.89-D
위치 하얏트 리젠시 사이판 내 1층, 지오바니스 옆
오픈 18:00~22:00
휴무 월요일
요금 세트 메뉴 $90~120
전화 670-234-1234
홈피 saipan.regency.hyatt.com

RESTAURANTS

후루사토

Furusato

가라판에 자리한 대표적인 일식 레스토랑 겸 이자카야로 후쿠오카에서 온 일본인이 운영한다. 후루사토는 일본어로 '고향'이라는 뜻으로 레스토랑을 방문한 모든 사람들이 고향 집에 온 듯 편안히 식사하기를 바라는 마음을 담았다.

메뉴는 스시와 라멘, 마끼 등 식사 대용으로 좋은 일본 요리와 술안주까지 골고루 갖췄다. 스페셜 세트 메뉴가 $9 정도이며, 메인 요리가 매일 바뀐다. 저녁 시간에는 한 테이블당 두 잔의 생맥주 또는 음료수를 무료로 제공하기도 한다. 사케와 소주도 준비하고 있어 가볍게 한잔하며 하루의 피로를 풀고 야식을 먹기에도 좋다. 한글 메뉴가 있어 한국 여행자가 편안하게 음식을 고를 수 있다.

지도 P.89-D
위치 가라판 파세오 드 마리아나스 Paseo de Marianas 거리의 ABC 스토어 옆 블록
오픈 11:30~14:30(마지막 주문 14:15), 18:00 ~01:00(마지막 주문 24:30)
휴무 연중무휴
요금 애피타이저 $5.50~, 라멘 $10~, 음료 $4~, 맥주 $5.5~, 런치 메뉴 $8~10
전화 670-233-3333
홈피 www.furusato-happiness-re.com

나미

Nami

그랜드브리오 리조트의 레스토랑에서 경력을 쌓은 일본인 셰프가 운영하는 퓨전 일식 레스토랑. 사이판의 바다를 좋아해서 일본어로 파도라는 뜻을 지닌 '나미'라는 이름을 붙였다고. 일본 쌀로 만든 고슬고슬한 쌀밥에 참치, 연어 등의 생선이나 소고기를 주재료 올린 덮밥 스타일의 일품 요리를 선보인다. 특히 소고기 맛이 좋은데 앵거스 비프 협회에서 인증받은 재료만을 사용하는 것을 원칙으로 한다. 음식의 간이 세지 않아서 다소 밋밋하게 느껴질 수도 있으나 정갈하고 정성이 담긴 음식을 맛보길 원한다면 추천한다. 전통이 있는 레스토랑과 카페를 이웃하고 있어 오가는 여행자가 많은데, 우연히 나미에 들렀다가 단골이 되는 경우가 많다고 한다.

지도 P.89-G
위치 가라판 비치 로드 차 카페 & 베이커리와 아메리칸 피자 & 그릴 사이
오픈 11:00~14:00, 17:00~21:00
휴무 연중무휴
요금 메인 $10~12
전화 670-233-6264, 670-287-4444

우미보즈

Umibouzu

일본식 선술집을 연상시키는 일식 레스토랑. 정갈한 식사나 깔끔한 안주를 즐기는 단골 손님과 유명세를 알고 찾아온 여행자들로 연일 북적인다. 일본인 셰프가 바로 조리한 익숙한 일식 메뉴를 맛볼 수 있는데, 식사용으로는 국물 맛이 담백한 라멘과 한국 사람에게도 인기가 많은 초밥을 추천한다. 술안주로는 오징어구이, 참치회 샐러드 등이 인기. 고구마를 얇게 채 썰어 튀긴 뒤 레몬즙을 뿌린 고구마튀김도 인기. 오픈형 키친으로 눈앞에서 요리하는 모습을 볼 수 있고, 일본어가 가능하다면 셰프와 이런저런 이야기를 나누며 식사하기도 좋다. 일본 브랜드 맥주를 비롯해서 사케 등의 주류를 합리적인 가격에 맛볼 수 있다.

지도 P.89-C
위치 가라판 파세오 드 마리아나스 Paseo de Marianas 거리의 하나미츠 호텔 & 스파 옆 2층
오픈 18:00~23:00
휴무 일요일
요금 메인 메뉴 $10~32, 애피타이저 $4.5~14
전화 670-234-5529

킨파치
Kinpachi

큰 간판이 있어 쉽게 찾을 수 있으며 좋은 위치는 물론, 다양한 메뉴까지 갖추었다. 사이판에서 맛볼 수 있는 일본 음식이 총망라되어 있음에도 음식의 질이나 맛이 결코 떨어지지 않는다는 것 또한 놀랍다. 이는 30여 년 전통의 이곳만의 운영 노하우가 축적된 결과라고 한다. 망고를 식재료로 사용한 롤 등 정통 일식에서 벗어나 다양한 퓨전 요리도 선보인다.

사이판의 레스토랑은 정해진 영업시간에만 운영하는데 이곳은 오전 7시부터 밤 12시까지 언제나 음식을 주문할 수 있다. 이 때문에 식사 때를 놓친 여행객들에게 특히 인기가 있다. 부담 없는 가격 때문에 근처에 투숙하는 일본인들이 여행 중 여러차례 이곳을 방문하기도 한다고, 한국어 메뉴판이 준비되어 있으며 가츠동, 라멘 등으로 가볍게 한 끼를 즐기고자 하는 여행객에게 추천한다.

지도 P.89-D
위치 가라판 코럴 트리 애비뉴 Coral Tree Ave 피에스타 리조트 & 스파 맞은편
오픈 07:00~24:00
휴무 연중무휴
요금 돈부리 $7~8, 누들 $8~, 롤 $15~ 바비큐 $19~, 음료 $3~, 사이 벤또 스타일 런치 메뉴 $7.5
전화 670-234-6900

신선 스시
Shin Sen Sushi

스시가 주메뉴라 일본인이 주인이라 생각하기 쉬운데 의외로 운영자는 한국인이다. 이곳의 주인은 신선 스시 외에 한식 레스토랑까지 운영하는 사이판의 터줏대감이다.

지도 P.89-C
위치 가라판 코코넛 스트리트 Coconut St 마리아나 오션 옆
오픈 11:00~14:00, 18:00~22:00
휴무 연중무휴
요금 애피타이저 $4.50~, 스시(2조각) $3~, 음료 $2~, 맥주 $4~
전화 670-233-1600

2005년부터 일본인과 현지인들의 꾸준한 인기를 얻고 있는데, 비결은 레스토랑 오픈 초부터 지금까지 한결같이 자리를 지키는 셰프 덕분이다. 단골 손님의 취향을 파악해서 추천하는 메뉴는 손님들 스스로 대접받는다는 느낌을 갖게 한다. 음식 맛 또한 변함없이 훌륭하다. 연어, 성게알, 매운 참치 스시 등이 인기 메뉴로 운영자가 매일 수산시장에서 신선한 해산물을 직접 고른다. 점심 메뉴로 벤또 세트가 인기 있다.

히로 아일랜드 재패니스 퀴진

Hiro Island Japanese Cuisine

메모리얼 파크 건너편 마이크로 비치 로드에 위치해 있다. 운영자는 사이판 현지에서 20년 넘게 유명 레스토랑을 관리하다가 직접 레스토랑을 운영하고자 2010년 이곳에 문을 열었다. 가장 큰 특징은 모든 식재료를 사이판 현지에서 조달한다는 것. 음식의 신선도가 레스토랑의 생명이라는 주인의 믿음에 따라 사이판 현지에서 구하기 힘든 식재료는 아예 취급하지 않는다.

참치 스시와 면 요리가 인기 있고 사이드 메뉴로 새우 튀김과 오징어 버터 소테를 추천한다. 특히 오징어 버터 소테는 맛이 부드럽고 고소해서 술안주로 제격이다. 부담 없는 가격에 사케 한잔 곁들이며 조용한 식사를 원한다면 괜찮은 선택이다.

지도 P.89-D
위치 가라판 하얏트 리젠시 사이판에서 마이크로 비치 로드 따라 두 블록 지나 빅토리아 호텔 건물 1층
오픈 11:00~14:00, 17:00~23:00
휴무 연중무휴
요금 누들 $8~10, 스시 $10~20, 비프스테이크 $30~, 런치 스페셜 $8~10
전화 670-233-4476
홈피 www.cr-eagle.com/hiro

코코넛 테이

Coconut Tei

1989년부터 운영해온 일식 레스토랑으로 주인이 어선을 소유하고 있어 매우 신선한 해산물 식재료를 직접 공급받는다. 그래서인지 생선을 비롯한 각종 시푸드가 맛있기로 유명하다. 더불어 운영자가 주방장 출신이라 요리에도 매우 엄격하다. 이를 증명이라도 하듯 주방이 손님들에게 완전히 오픈되어 있다.

시푸드 요리 이외에 스테이크 또한 이곳의 자랑이다. 최고급 앵거스 비프를 사용한 스테이크를 비교적 저렴한 가격에 즐길 수 있다. 레스토랑 한쪽에는 6인 이상 앉을 수 있는 다다미식 테이블이 있어 그룹 단위 손님이 식사하기에도 적합하다.

지도 P.89-D
위치 가라판 코럴 트리 애비뉴 O2 스파 옆, 피에스타 리조트 & 스파 건너편
오픈 09:00~15:00, 17:00~22:00
휴무 연중무휴
요금 비프 스테이크 $29, 모둠 사시미 $25, 시푸드볶음 $18, 런치 메뉴 $8~10, 키즈밀 있음
전화 670-234-3923

RESTAURANTS

수라
Sura

사이판의 터줏대감인 청기와에서 운영하는 또 다른 한 식당이다. 정통 한식을 선보이는 청기와와는 달리, 다 양한 한식 반찬을 고루 맛볼 수 있는 점심 뷔페를 사이 판 최초로 선보여 색다른 맛집으로 인기몰이를 하고 있 다. 수라의 점심 뷔페는 4~5가지 밑반찬에 해산물을 이용한 볶음 요리, 돼지고기 바비큐 또는 삼겹살 등의 육류 요리로 구성된다. 삼겹살에는 사이판에서 귀한 식 재료로 취급되는 상추를 함께 서비스한다. 또 요일에 따라 짜장면과 짬뽕 등 면 요리도 추가로 맛볼 수 있다. 여기에 청기와의 대표 별미인 싱싱한 참치회와 김치찌 개, 된장찌개, 비빔밥, 불고기, 냉면 등 일반적인 한식 메뉴도 고루 갖추고 있다. 점심 뷔페의 인기가 높아지 면서 한국 여행자들은 물론이고 사이판에 거주하는 교 민, 한국 음식에 관심이 많은 현지인까지 발걸음이 이 어지고 있다. 전체적으로 쾌적한 환경으로 소그룹이나 모임이 이용할 수 있는 단체석도 마련돼 있다.

지도 P.89-H
위치 가라판 비치 로드 사이판 소방서 옆
오픈 11:00~22:00
휴무 연중무휴
요금 메인 $15~, 점심 뷔페 $13~
전화 670-233-4745, 670-483-8158

청기와

Chunggiwa

참치회와 김치찌개, 숯불갈비가 맛있는 한식 레스토랑. 청기와의 모체는 바로 '낙원'이다. 지금의 위치는 아니지만 2000년 낙원이란 이름으로 한국 음식을 선보이기 시작해 현재까지 사이판을 찾는 여행자는 물론 현지인들에게도 인기를 얻고 있다.

내부는 외부에서 보는 것보다 훨씬 넓다. 좌석의 배치나 전체 구조가 시원하고, 좌식으로 된 마루와 단체 여행객을 위한 개별 룸도 따로 준비되어 있다. 특히 한국인 여행객들은 얼큰한 김치찌개와 묵은지전골을 많이 찾는다. 신선한 참치회와 감칠 맛나는 숯불갈비도 변함없는 인기. 맵지 않아 어린이를 동반한 가족여행객이 많이 찾는 샤부샤부도 청기와의 자랑이다.

DFS T 갤러리아 사이판 뒤쪽에 위치하고 있어 쇼핑 전후에 식사를 하기에 좋다. 따로 픽업 서비스는 하지 않지만 DFS T 갤러리아 사이판 무료 셔틀버스를 이용하면 편리하다.

지도 P.88-F
위치 가라판 DFS T 갤러리아 사이판 셔틀버스 승차장 뒤쪽
오픈 11:00~14:00, 17:00~22:00(마지막 주문 21:30)
휴무 연중무휴
요금 생갈비 $18~, 김치찌개 $10~, 음료 $3~, 맥주 $4~, 런치 스페셜 $8~9
전화 670-233-0033, 8000, 670-483-8158

천지

Chun Ji

'천지'하면 '참치회'라는 등식이 성립할 정도로 여행자들 사이에서 참치회로 유명한 곳. 사이판 인근 해역에서 조업한 참치를 냉동하지 않은 신선한 상태로 선보여 그간에 냉동 참치회만 맛보던 이들에게 맛의 신세계를 보여준다. 회는 대·중·소 크기별로 준비하고 있는데, 회 양을 넉넉히 주는 편이라 2인이 갈 경우 소자로 주문하고 다른 메뉴 하나를 더 주문하면 푸짐하게 식사할 수 있다. 싱싱하고 쫀득한 회는 초고추장과 된장, 그리고 사이판 현지인이 즐겨 먹는 간장과 양파, 칼라만시를 넣은 피나데니 소스 등과 곁들여 먹으면 된다. 아이가 있는 가족이라면 맵지 않은 볶음밥도 있어 다양한 연령대의 입맛을 충족시킨다.

지도 P.89-H
위치 가라판 하얏트 리젠시 사이판에서 팜 스트리트 Palm St 따라 가다 가라판 비치 로드와 만나는 지점, 갓파더스 바 맞은편 2층 **오픈** 17:00~02:30
휴무 연중무휴
요금 참치회 $25~, 찌개류 $13~
전화 670-233-1188

RESTAURANTS

서울원
Seoul One

신선 스시 2층에 자리한 서울원은 사이판에서 오랜 역
사와 전통을 자랑하는 한국 식당이다. 내부로 들어서면
테이블과 의자가 촘촘히 붙어 있어서 마치 단체 여행객
을 위한 곳으로 보이기도 한다. 하지만 식사 시간에 자
리가 없을 정도로 손님이 많아 불가피하게 테이블과 의
자를 붙여놓은 것이란다.

고기부터 김치찌개, 된장찌개는 물론이고 떡볶이, 비빔
국수, 냉면 등 입맛을 돋울 한식 메뉴가 많다. 신선한 육
회도 인기가 좋다. 공깃밥을 서비스로 준다거나 밑반찬
을 푸짐하게 주는 인심도 매력 중 하나. 예약을 하면 픽
업 서비스가 가능하다. 늦은 시간까지 영업하기 때문에
야식을 먹으러 가기에도 좋은 곳이다.

지도 P.89-C
위치 가라판 코코넛 스트리트 Coconut St 마리아나 오션 옆
오픈 10:00~14:00, 17:00~22:00
휴무 연중무휴
요금 갈비 $22~, 김치찌개 $10~, 육회 $17~, 음료 $2.50~, 맥
주 $4~, 런치 메뉴 $8~9
전화 670-233-7776

RESTAURANTS

에덴
Eden

조선족 부부가 10년 넘게 운영하고 있는 한식당. 한국 음식은 물론이
고 중국 음식까지 맛볼 수 있다. 넓고 독립된 좌석 배치로 인원이 많은
단체 여행객도 문제 없다. 보통은 중국식 점심 뷔페나 반찬과 찌개가
함께 나오는 한국식 백반이 준비돼 있다. 중국의 양꼬치와 한국의 숯
불 바비큐의 중간쯤 되는 바비큐 요리도 선보인다.

지도 P.89-D
위치 가라판 하얏트 리젠시 사이판 맞은편
오픈 10:00~03:00
휴무 연중무휴
요금 식사류 $12~15, 고기류 $25~, 소주 $10~
전화 670-233-1919

스파이시 타이 누들 플레이스

Spicy Thai Noodle Place

사이판에서 만난 한국인, 외국인, 현지인 모두가 엄지손가락을 치켜세우며 추천하는 태국 레스토랑. 사이판에 태국 음식이 흔하지 않던 2000년에 오픈해 줄곧 큰 인기를 끌고 있다. 태국에서 가장 다양한 음식이 모여 있다는 방콕 출신의 여주인과 사이판 현지인 남편이 함께 운영하고 있다. 합리적인 가격으로 다양한 태국 음식을 선보이는 점심 뷔페가 특히 인기. 세계적으로 잘 알려진 똠양꿍(매운맛의 수프), 쏨땀(파파야 샐러드), 까이텃(닭튀김), 뽀삐아(스프링롤)까지 매일 메뉴가 조금씩 교체된다. 단품으로 구성된 저녁 메뉴의 가격도 저렴하고 양도 푸짐한 편이다. 태국 국민 음료 차옌(태국식 아이스티)도 한번쯤 맛볼 만하다.

지도 P.89-H
위치 가라판 비치 로드 소방서 건너편 상지렌터카 옆
오픈 11:00~22:00(일요일 21:00까지)
휴무 1월 1일
요금 똠양꿍 $7.95, 쏨땀 $5, 얌운센 $7.95, 음료 $2~, 맥주 $3.50~, 점심 뷔페 $9.50~
전화 670-235-3000, 670-234-2989

제이스 레스토랑

J'S Restaurant

사이판의 필리핀계
이주민과 역사를 함
께해온 레스토랑.
사이판에 거주하는
필리핀인들은 물론
이고 많은 현지인
들이 즐겨 찾는 밥

집 겸 문화공간이다. 다양한 메뉴를 주문할 수 있는데
필리핀 요리, 차모로 요리, 아시아 퓨전 요리가 주를 이
룬다. 24시간 운영하기 때문에 시간대별로 필요한 식사
메뉴를 주문할 수 있다. 아침으로 가벼운 수프를 곁들
인 토스트와 샐러드, 점심에는 가볍게 먹을 수 있는 볶
음국수와 샌드위치 등을 추천한다. 저녁 식사 겸 술 한
잔 걸치기에 좋은 메뉴도 준비되어 있다. 특히 새끼 돼
지 족발을 바삭하게 튀긴 크리스피 파타 Crispy pata
가 별미. 인기 있는 필리핀 대표 국물 요리인 시니강
Sinigang은 태국 요리 똠얌꿍과 비슷한데 조금 더 시큼
한 맛이다. 레스토랑에 성인을 위한 게임방과 어린이
손님을 위한 놀이기구가 준비되어 있다.

지도 P.88-I
위치 가라판 미들 로드
오픈 24시간
휴무 연중무휴
요금 메인 $10~, 면류 $4~, 샐러드 $7~
전화 670-235-8640

타이 하우스

Thai House

1993년에 오픈한 사이판 최초의 태국 음식 레스토랑이
다. 태국 중부 아유타야 출신의 여인이 사이판에 왔다
가 뉴욕에서 온 남자를 만나 이곳에 정착하며 태국 레
스토랑을 오픈했다.
태국인 운영자가 주방에서 직접 조리하기 때문에 제대
로 된 태국 음식을 맛볼 수 있다. 태국 요리 하면 빼놓
을 수 없는 똠얌꿍부터 새콤한 맛의 쏨땀, 스프링롤 뽀
삐아까지 태국 현지의 로컬 푸드를 충실히 재현했다.
손으로 직접 쓴 글씨로 음식에 대한 설명이 자세하게
적힌 한국어 메뉴판이 준비되어 있으며, 매운 음식에
익숙하지 않은 다국적 여행자를 위해 각 메뉴에 매운
정도를 별점으로 표시해 주문 시 참고할 수 있도록 했
다. 별점은 1개부터 3개까지이며, 별점이 많을수록 점점
매워진다.

지도 P.88-I
위치 가라판 비치 로드 맥도날드 맞은편
오픈 11:00~14:00, 17:00~21:00
휴무 연중무휴
요금 똠얌꿍 $11, 쏨땀 $9.5, 팟타이 $9.75~11, 음료 $2~,
맥주 $5~(SC 15%), 평일 점심 뷔페 $12.95
전화 670-235-8424

사천 키친
SI Chuan Kitchen

사이판을 찾는 중국인 여행자가 많아지면서 그들의 입맛을 잡으려는 중식당도 늘고 있다. 사천 키친도 그중 한 곳. 중식당은 시끄럽고 지저분하다는 선입견을 깨고 현재 사이판에서 핫한 맛집으로 떠오르고 있다. 아시아 문화에 관심이 많은 영국인이 운영하는데, 한국이 아시아권에서 식도락과 외식 문화를 선도한다고 판단해 개업에 앞서 우리나라의 유명 중식레스토랑을 벤치마킹했고. 그래서인지 전체적인 분위기가 한국의 고급 중식당과 비슷하다. 식욕을 자극하는 오렌지색 외관에 전체적으로 모던하고 캐주얼한 분위기다.

탄탄면과 프라이드 치킨 등 인기 메뉴가 많지만 대표 메뉴는 역시 사천요리. 특히 메뉴 16번의 사천수자어를 추천한다. 생선살을 뜨거운 고추기름에 익힌 요리로 언뜻 보면 훠궈와 비슷하다. 고추기름과 함께 마라가들어 있어 혀가 얼얼해지는 사천요리 특유의 매력을 느낄 수 있다. 특히후끈한 양념과 어울리는 부드럽고 담백한 생선살이 일품. 사천요리는 추운 날씨의 영향을 받아 강한 향신료와 매운맛을 내는 것이 특징이다. 1년 내내 무더운 사이판에 사천요리가 어울릴까 의문이 들겠지만, 이열치열의 원리를 생각하면 쉬이 이해가 갈 것이다. 여행 중에 문득 화끈하고 매운맛이 그리워질 때 들러보자.

지도 P.89-C
위치 가라판 피에스타 리조트 & 스파 맞은편 선샤인 카페 건물 2층
오픈 07:00~14:00, 17:00~23:00
휴무 연중무휴
요금 면 요리 $12~, 국물 요리 $18~,
음료 $4~
전화 670-233-8301

무라 이찌방

Mura Ichiban

시끌벅적한 분위기에 발길을 멈추고 한번쯤 들여다보게 되는 중식 레스토랑. 빼곡히 적혀 있는 메뉴판을 쭉 훑으면 아시아 요리를 총집합시켜 놓은 것 같다. 아시아 다른 국가의 어떤 맛과 버무려도 궁합이 좋은 중국 요리의 특성을 살려 훌륭한 퓨전 요리를 선보인다. 메뉴는 육류와 해산물 중 주재료를 어떤 것으로 하느냐에 따라 나뉘며, 여기에 다시 조리법으로까지 분류해서 입맛대로 원하는 요리를 쉽게 주문할 수 있다. 특히 테이블 위에 가장 많이 보이는 매운 조개볶음과 새우볶음밥이 인기 메뉴다. 탱글탱글한 새우를 넣은 볶음밥에 매콤한 조개볶음 소스를 넣어 쓱쓱 비벼 먹는 맛이 일품. 앞서 예능 프로그램 〈식신로드〉 사이판 편에 소개돼 한국인 손님이 많은 편이다. 덕분에 한국어 메뉴판이 따로 준비돼 있어 주문에 어려움은 없다. 새벽 3시까지 영업해 출출한 밤에 야식을 맛보러 오는 손님도 많다.

지도 P.89-C
위치 가라판 피에스타 리조트 & 스파 맞은편 코럴 트리 애비뉴 Coral Tree Ave
오픈 11:00~03:00
휴무 연중무휴
요금 메인 메뉴 $5~15, 랍스타 $38, 베이징 덕 $40
전화 670-233-1588

광저우 레스토랑
Guangzhou Restaurant

외관상으로는 허름해 보이나 중국 음식 맛 좀 안다는 미식가들이 알음알음 찾아가는 중식당이다. 사천, 베이징, 광저우 등 지방 특성을 살린 다양한 중국 요리와 주류를 갖추고 있다. 무엇보다도 저렴한 가격에 일품 요리를 즐길 수 있어 인기가 높다. 샥스핀과 베이징 덕 등 고급 요리를 제외하

면 대부분이 $8 이하의 가격이다. 식사비 부담이 적으니 다양한 음식을 골고루 주문해 경험해보고 싶은 여행자들에게 안성맞춤. 매콤한 마파두부, 새우볶음밥, 중국식 누들을 추천한다. 딤섬과 만두는 가볍게 맥주 한잔할 때 애피타이저 겸 안주로 먹기 좋다. 새벽 5시까지 영업하기 때문에 새벽 비행기를 타고 한국으로 돌아가는 여행자들이 사이판에서 마지막 만찬을 즐기는 곳이기도 하다.

지도 P.89-D
위치 하얏트 리젠시 사이판에서 Palm St 따라 두 블럭
오픈 17:00~05:00
휴무 연중무휴
요금 메인 메뉴 $4~15, 고급 요리 $28~68
전화 670-233-8368

뉴 더블
New Double

DFS T 갤러리아 사이판 뒤쪽에 자리해 비교적 좋은 입지를 자랑한다. 2015년 리노베이션을 거쳐 한결 새로워진 분위기로 손님을 맞고 있다.
여느 중국집과 마찬가지로 자리를 잡고 앉으면 따뜻한 차를 준비해준다. 가장 인기 있는 메뉴는 랍스터를 비롯해 해산물이 재료가 되는 요리들. 한국인이 즐겨 먹는 중국 요리들도 기본 이상의 무난한 맛이다. 중국 술이 다양해서 함께 곁들이기 좋다. 사진이 있는 영어 메뉴판이 있어 주문이 어렵지 않다.

지도 P.88-F
위치 가라판 DFS T 갤러리아 사이판 셔틀버스 승차장 뒤쪽
오픈 10:30~23:30
요금 메인 메뉴 $8.75~, 음료 $2~, 맥주 $3.50~
전화 670-233-5126

원주민 쇼 피에스타 바비큐

Cultural Dinner Show Piesta BBQ

피에스타 리조트 & 스파 풀사이드에 차려진 뷔페식 바비큐 디너로 컬처럴 디너 쇼를 함께 즐길 수 있다. 소고기, 돼지고기, 닭고기, 생선, 소시지 등의 바비큐와 샐러드, 밥, 디저트 등이 마련된 풍성한 식사를 하고 나면 전통 복장을 한 아름다운 무희들이 현란하게 허리를 흔들며 무대에 등장한다.

신나는 아일랜드 댄스가 시작되고 불을 이용한 남자들의 댄스도 번갈아가며 이어진다. 진행자가 영어, 일본어, 한국어로 익살스러운 진행을 하여 분위기를 돋운다. 공연 마지막에 관객을 무대로 초대해서 무희들과 함께 전통춤을 배우는 시간도 갖는다. 무알코올 오픈바($10)나 맥주가 포함된 오픈바($20)를 추가로 신청할 수 있다.

지도 P.89-C
위치 가라판 피에스타 리조트 & 스파 내
오픈 18:30〜20:30
요금 어른 $52, 어린이 $27
전화 670-233-6414
홈피 www.fiestasaipan.com

월드 카페

World Cafe

보기만 해도 배부른 산해진미를 만날 수 있는 피에스타 리조트 & 스파 내 뷔페 레스토랑. 한식, 중식, 일식을 아우르는 싱싱한 해산물 요리와 바비큐 등 아침, 점심, 저녁 모두 다국적 요리를 뷔페식으로 준비하고 있다. 요일에 따라 샤부샤부, 나베, 새끼 돼지 통바비큐 등의 메인 요리를 내세운 테마 뷔페를 선보이기도 한다. 세계 여러 나라에서 찾아온 여행자의 입맛을 만족시키는 다국적 요리와 예뻐서 먹기조차 아까운 디저트까지 완벽한 '풀코스' 식사를 할 수 있는 곳이다.

지도 P.89-C
위치 가라판 피에스타 리조트 & 스파 내 1층
오픈 조식 07:00〜10:00, 중식 11:00〜14:00, 석식 18:00〜21:30
휴무 연중무휴
요금 조식 성인 $23, 어린이 $11.50, 중식 성인 $24, 어린이 $12, 석식 성인 $35, 어린이 $17.50 , 선데이 브런치 성인 $35, 어린이 $17.50
전화 670-233-6414
홈피 www.fiestasaipan.com

선샤인 카페

Sunshine Cafe

사이판 디저트 문화의 판도를 바꿔 놓은 카페. 본래 사이판에는 커피나 음료만을 전문적으로 판매하는 디저트 카페가 눈에 띄지 않았다. 식사 후 즐길 만한 커피와 몇 종류의 디저트를 레스토랑에서 준비해놓는 정도였다. 때문에 선샤인 카페의 등장은 사이판의 여유로움을 즐기고 싶은 여행자들에게 희소식. 미국에 사는 영국인 오너가 직접 디자인한 카페 내부는 컬러풀하면서도 아기자기해 기념사진을 남기기에도 좋다. 창가 좌석은 2~3인용 테이블과 1인용 의자를 준비해 연인들이 소곤소곤 속삭일 수 있게 배치했다. 다른 한쪽에는 넓고 푹신한 소파와 테이블이 있어 단체 손님들이 둘러앉을 수 있다. 직접 개발한 메뉴도 정갈하다. 뜨거운 태양을 피해 시원한 수제 아이스크림을 맛봐도 좋고, 오후의 한가로움을 즐길 수 있는 애프터눈 티를 홀짝이는 것도 추천한다. 파티시에가 매일 새로 만드는 바게트 빵과 케이크는 현지인들도 좋아해 포장 판매량이 많다. 저녁 늦게 가면 남은 수량이 없을 수도 있다.

지도 P.89−C
위치 가라판 피에스타 리조트 & 스파 앞 사천 키친 건물 1층
오픈 10:00~22:00
휴무 연중무휴
요금 커피 $3~, 차 $3.50~, 디저트 $6~, 애프터눈티 세트 $15~
전화 670−233−8300

차 카페 & 베이커리
Cha Cafe & Bakery

최고의 위치를 자랑하는 가라판의 랜드마크. 우리가 서울 홍대를 찾을 때 '홍대입구역 앞 KFC'를 만남의 장소로 삼듯, 사이판 사람들은 차 카페 & 베이커리를 약속 장소로 공유한다. 덕분에 연일 사람들로 북적이는 곳이다.

더위를 식혀주는 시원한 아이스커피는 차 카페의 효자 메뉴. 다른 카페보다 양도 많고 맛도 좋다. 커피만 마시기 서운하다면 다양한 제과류를 눈여겨보자. 풍미 가득한 치즈케이크를 비롯해 머핀, 크루아상 샌드위치, 마카롱 등이 준비되어 있다. 특히 아침마다 굽는 크루아상의 바삭하면서도 촉촉한 식감을 즐길 수 있다. 나홀로 여행객을 위한 1~2인석 테이블도 있고, 좌석마다 휴대폰이나 노트북을 충전할 수 있는 콘센트도 마련해 두었다.

지도 P.89-G
위치 가라판 비치 로드 나미 레스토랑 · 아메리칸 피자 & 그릴 옆
오픈 07:00~22:00
휴무 연중무휴
요금 커피 $3~, 빵 $2~, 샌드위치 $4~, 케이크 $4.50~
전화 670-233-2421

파리크라상
Paris Croissant

한국에도 많은 프랜차이즈 빵집인데 여행길에 굳이 들를 이유가 있을까 싶지만, 사이판의 파리크라상에는 색다른 매력이 있다. 바로 매장에서 갓 구운 따끈한 빵과 더위를 식혀주는 눈꽃 빙수가 명물. 유독

빵이 부드럽고 맛있다. 주변에는 실속형 호텔과 게스트하우스가 많고 여행자들의 이동 경로에 위치해 있어 접근성이 좋은 편이다. 때문에 여행자들의 아침식사 장소로 애용되고, 아침 일찍 투어를 나가는 여행자들이 빵과 샌드위치 등을 구입하는 모습을 자주 볼 수 있다.

지도 P.89-G
위치 가라판 비치 로드와 파세오 드 마리아나 Paseo de Marianas가 만나는 지점, 게스 매장 맞은편
오픈 07:00~22:00
휴무 연중무휴
요금 빵 $1.25~5.99, 음료 $3.25~6.95
전화 670-233-9292

NIGHTLIFE

샌드캐슬 쇼 사이판

Sandcastle Show Saipan

샌드캐슬 쇼는 라스베이거스에서 인기를 끌고 있는 화려한 마술쇼와 뉴욕 브로드웨이의 흥겨운 댄스를 혼합해서 만든 쇼이다. 1990년 괌에서 시작한 샌드캐슬 쇼가 인기를 끌자 2002년부터 사이판에서도 공연을 하게 되었다.

냉방이 빵빵한 공연장에 들어서면 아름다운 여성이 관객석을 돌아다니며 관객의 카메라로 기념사진을 촬영하며 분위기를 띄운다. 관객석의 조명이 모두 꺼지면 여성 무용수들의 화려한 댄스로 쇼가 시작된다.

젊은 마술사가 선보이는 마술쇼는 화려함의 극치다. 비둘기의 등장은 기본이고 공중 부양, 절단 마술 등 여러 도구를 이용한 다양한 마술을 펼친다. 쇼의 압권은 무대 위로 등장하는 백호랑이. 갑작스런 호랑이의 등장이 관객의 간담이 서늘해진다. 쇼가 마무리될 무렵엔 무대에 헬리콥터까지 등장해 웅장한 스케일을 자랑한다. 마술쇼에서 빠질 수 없는 미녀들은 북아메리카와 라스베이거스에서 온 댄서들로 마술을 준비하는 동안 댄스쇼를 펼쳐 관객을 지루할 틈 없게 한다. 중간에 무대 위로 관객을 초대해서 함께 마술을 진행하기도 한다.

남녀노소 누구나 즐길 수 있어 어린이를 동반한 가족 여행객이나 커플 여행객에게도 추천할 만하다. 눈앞에서 봐도 도저히 믿을 수 없을 만큼 신기한 마술과 쇼를 즐기다 보면 어느새 피로는 사라지고 에너지가 충전된다.

매일 오후 7시, 8시 45분, 2회 공연하

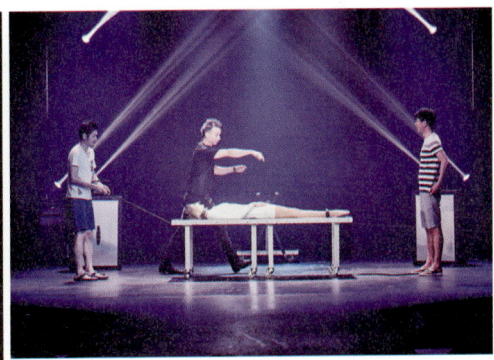

며 쇼는 약 1시간 동안 진행된다. 좌석의 등급에 따라 캐주얼 플랜, 디럭스 플랜, VIP 플랜으로 나뉘며 디럭스부터는 음료 한 잔이 무료로 제공된다. 셔틀버스를 이용한 무료 픽업 서비스가 포함되어 있어 투숙한 호텔에서 편하게 이동할 수 있다.

지도 P.89-D
위치 가라판 하얏트 리젠시 사이판 내
오픈 19:00~20:15, 20:45~22:00
휴무 월 · 목요일
요금 어른 $75~, 어린이 $60~(좌석 등급에 따라 요금이 달라짐)
전화 670-233-7263
홈피 saipansandcastle.com

갓파더스 바
Godfather's Bar

바의 이름 때문인지, 아니면 검은색 출입문과 간판 때문인지, 문을 열고 들어서기가 약간 망설여지는 '갓파더스 바'는 마피아를 콘셉트로 했다. 다소 어두운 조명에 벽은 온통 마피아 사진으로 도배되어 있다. 우리나라에서도 유명한 영화 〈대부〉의 포스터도 있으며 유명한 마피아 이름들로 벽이 빈틈없이 채워져 있다. 그러나 이곳에 마피아는 당연히 없다. 눈앞에서 연주되는 라이브 음악에 어느덧 긴장이 풀어진다.

매일 밤 9시부터 사이판에서 둘째가라면 서러워 할 실력 있는 밴드들이 이곳에 모여 라이브 연주를 한다. 영업시간은 새벽 1~2시까지이지만 분위기에 따라 3~4시까지도 공연이 이어지는 경우가 있다. 언제 가도 파티 분위기를 느낄 수 있는 개성 있는 콘셉트의 바로 맥주 한잔하며 음악을 즐기고픈 이들에게 추천한다.

지도 P.89-H
위치 가라판 로열 팜 애비뉴 Royal Palm Ave와 팜 스트리트 Palm St가 만나는 지점, 조니스 바 & 그릴 옆
오픈 16:00~01:00(일요일 17:00~24:00)
휴무 연중무휴
요금 맥주 $4~7
전화 670-235-2333
홈피 www.godfathersbar.com

조니스 바 & 그릴
Jonny's Bar & Grill

관광객뿐만 아니라 현지 주민들에게도 많은 사랑을 받고 있는 곳이다. 주류 이외에 안주 위주로 판매하는 보통의 바와 달리 멕시칸 피자부터 하와이안 포키, 해산물 볶음밥, 스파게티 등 식사를 대신할 수 있는 다양한 메뉴를 선보인다.

이곳이 특히 현지인들에게 사랑받는 이유 중 하나는 다양한 게임 시설이다. 포켓볼 테이블, 다트 머신, 셔틀보드, 주크박스, 슬롯머신 게임기에 이르기까지 일행들과 함께 즐길 수 있는 시설이 잘 갖춰져 그룹 단위 손님들이 자주 방문한다. 오후 4~7시에는 해피 아워로 일부 품목을 제외한 모든 메뉴를 20% 할인된 가격에 판매한다.

지도 P.89-H
위치 가라판 비치 로드와 팜 스트리트 Palm St가 만나는 지점, 갓파더스 바 옆
오픈 15:00~02:00(마지막 주문 01:00)
휴무 연중무휴
요금 맥주 $4~6, 칵테일 $7~8, 안주 $5~12
전화 670-233-9019
홈피 jonnys-saipan.com

GIG 나이트클럽
GIG Nightclub

호텔 나이트클럽을 제외하면 가라판에서 유일하다시피 한 나이트클럽이다. 클럽은 모두 세 구역으로 나뉘며 각각의 특색이 뚜렷하다. 테이블을 차지하고 바텐더가 만들어주는 칵테일을 마시는 공간과 마치 마법의 성으로 들어가는 듯한 입구와 연결된 실내 공간, 이곳의 자랑거리인 야외 공간이다.

DJ 부스가 있어 DJ가 믹싱해주는 음악에 맞춰 춤을 출 수 있으며, 길 옆으로 공간이 오픈되어 있어서 열정적으로 춤을 춘다면 구경꾼이 모일 수 있는 구조다. 비교적 젊은 연령대의 손님들이 주 고객이며 평일보다 금요일 밤 11시부터 피크 시간이다.

지도 P.89-C
위치 가라판 피에스타 리조트 & 스파 정문에서 코코넛 스트리트 따라 직진, 신선 스시 지나서 왼쪽
오픈 18:00~02:00
휴무 일·월요일
요금 맥주 $3.50~, 칵테일 $7~
전화 670-233-3231

이사구아 스파

I Sagua Spa

하얏트 리젠시 사이판 내에 있는 고급 스파다. '이사구아'는 원주민어로 '물의 채널'이라는 의미로 사이판의 찬란한 태양 아래 밀물과 썰물의 리듬을 따르고, 순리에 맞게 물의 생명력으로 몸을 치유한다는 뜻을 갖고 있다. 깨끗한 자연 그대로의 건강함에 기초를 두고 있는 만큼 가장 깨끗한 물과 천연 허브로 직접 만든 오일을 사용한다.

스파로 들어가는 원 모양의 출입구는 신체와 영혼의 자연적 원기가 지나는 통로를 뜻한다. 물소리, 새소리가 들리는 자연 속의 정원에 들어서면 스파를 이용하는 고객 누구나 이용할 수 있는 야외 자쿠지가 있다.

스파 프로그램은 재충전, 정화, 회복, 활력 크게 네 가지 테마로 구성된다. 오일 마사지, 발 마사지 등의 단일 프로그램도 있으며 2~4시간이 넘는 스파 패키지도 있다. 가격은 $200~360로 조금 비싼 것이 아쉽지만 그만한 가치가 있다. 신혼여행객들이라면 단독 커플 룸에서 스파 패키지를 경험하는 것도 특별한 추억이 된다. 스파 숍에서 오일 등의 스파 용품도 판매한다.

지도 P.89-D
위치 가라판 하얏트 리젠시 사이판 내
오픈 10:00~22:00
휴무 연중무휴
요금 오일 마사지(60분) $110~, 발 마사지(60분) $95~, 페이셜 마사지(90분) $150~(SC 10%)
전화 670-234-1234, 670-323-5888
홈피 www.saipan.regency.hyatt.com

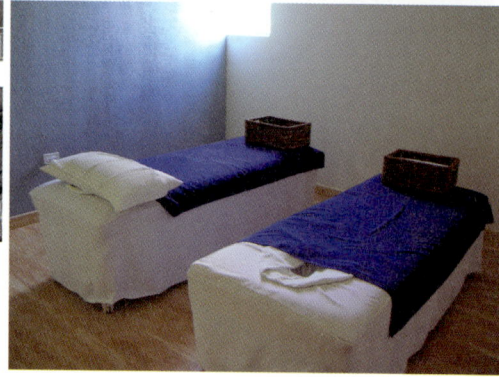

SPA

02 스파

02 Spa

2015년 2월 새롭게 문을 스파다. 가라판 하얏트 리젠시 사이판과 피에스타 리조트 & 스파 사이에 있어 위치적인 장점이 크다. 총 2층 규모로 1층에는 발마사지 전용 체어와 스파 리셉션이 있으며, 2층에는 오일 마사지와 전신 마사지를 받을 수 있는 공간이 있다. O2(산소)라는 이름에 충실하듯 스파 숍 내부를 그린과 블루를 콘셉트로 꾸며 신선하고 청량한 느낌을 준다.

오일을 사용해서 혈자리를 따라 부드럽게 마사지하는 오일 마사지와 신체 곳곳을 누르고, 꺾고, 잡아당기며 전신의 근육을 이완시켜주는 전신 마사지를 받을 수 있다. 이중에서도 전신 마사지 단품보다는 전신 마사지와 발 마사지를 결합한 90분짜리 마사지가 인기가 높다. 마사지 전후로 따뜻한 차를 내주어 노곤노곤한 몸이 나른하게 풀린다. 저녁 늦은 시간까지 영업하기 때문에 하루 일정을 마치고 마사지를 받은 후 숙소로 돌아와 단잠을 자기에 좋다.

지도 P.89-D
위치 가라판 피에스타 리조트 & 스파 건너편, 코코넛 테이 레스토랑 옆
오픈 11:00~24:00
휴무 연중무휴
요금 전신 마사지(60분) $60, 발 마사지(30분) $30, 전신+발 마사지(90분) $90
전화 670-233-9898, 670-285-8010
홈피 www.oyayubisaipan.com

가즈미아로마살롱

Kasumi Aroma Salon

사이판 현지 교민이 추천하는 마사지 숍. 마사지사 대부분이 중국인으로 특유의 강도 높은 마사지를 제공한다. 오일 마사지를 선택하는 경우에도, 오일에 의존해 혈의 길을 따라 지그시 누르며 마사지하는 방식과 달리, 스포츠 마사지와 같은 강도의 강한 마사지를 즐길 수 있다. 근육 경직 방지를 위해 마사지 시작 전에 충분히 스트레칭이 필요할 정도, 따로 '세게' 해달라는 요청이 필요 없을 정도다. 하지만 건강 상태를 보고 강도를 조절해주니 약하게 하고 싶은 경우에는 요청하면 된다.

마사지를 단품으로 받는 것이 조금 밋밋하게 느껴진다면 오일 마사지와 발 마사지를 조합해볼 것을 추천한다. 가라판 내 호텔에 묵는다면 픽업도 가능하다. 현재 위치상 가라판 중심 상권인 하얏트 리젠시 사이판에서는 조금 떨어져 있지만, 오픈을 앞둔 베스트 선샤인 카지노 & 호텔이 문을 열면 위치적 장점도 커질 것이다.

지도 P.89-C
위치 가라판 베스트 선샤인 카지노 & 호텔 맞은편
오픈 14:00~01:30
휴무 연중무휴
요금 발 마사지(60분) $50~, 오일 마사지(60분) $60~, 오일+발 마사지(60분) $60~
전화 670-233-0058, 670-287-1819

누엇타이마사지
Nuat Thai Massage

마사지와 스파의 강
국 태국에서 온 태
국인이 운영하는 마
사지 숍. '누엇'이란
태국어로 마사지를
뜻한다. 태국 여행
을 다녀온 여행자라
면 마사지를 택할 때 자연스레 타이 마사지를 떠올리게
될 터. 이곳에서라면 만족스러운 타이 마사지를 받을
수 있다. 마사지 숍 내부는 온통 태국에서 직접 공수한
장식품으로 꾸며져 있다. 마치 사이판에서 태국의 로컬
마사지 숍으로 순간 이동한 느낌이다.
인테리어뿐만이 아니다. 타이 마사지 특유의 누르고,
꺾고, 잡아당기는 다이내믹한 마사지를 받으면 무거운
몸이 개운해지면서 전신이 스트레칭된다. 직장인들의
고질병인 어깨 뭉침을 집중적으로 풀어주기 위한 타이
마사지와 오일 마사지를 접목시킨 프로그램도 있다.

지도 P.89-D
위치 가라판 하얏트 리젠시 사이판 맞은편
오픈 11:00~23:00
휴무 연중무휴
요금 타이 마사지(60분) $40, 발 마사지(60분) $40, 타이 +
오일 마사지(90분) $55
전화 670-233-2441, 670-483-2446

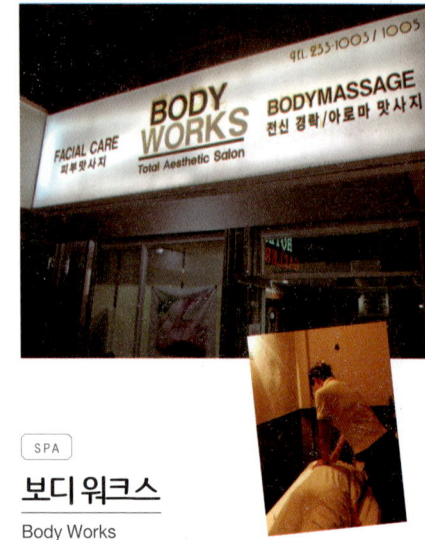

보디 워크스
Body Works

DFS T 갤러리아 사이판 뒤쪽에 있어 가라판에서 쇼핑
한 후 들르기에 적합한 곳이다. 20명 이상의 마사지사
가 준비하고 있어 손님이 많을 경우에도 대기 시간이
길지 않다. 이곳에서 받을 수 있는 마사지는 크게 지압
마사지와 경락 마사지로 나뉜다. 경락 마사지는 혈과
혈 사이를 깊게 누르는 방식으로 널리 알려진 타이 마
사지와 비슷하며, 한국인 대부분은 경락 마사지를 선호
한다고 한다.
운영자가 한국인이라 의사소통에 어려움이 없고 모든
프로그램 설명이 한국어로 준비되어 있어 편하다. 아이
가 있는 가족 단위의 방문객을 위해 부모가 마사지를
받는 동안 아이를 봐주기도 한다. 임산부를 위한 마사
지 프로그램과 임산부 전문 마사지사가 있어 임산부에
게도 좋은 선택이다. 반드시 사전 예약해야 하며, 사이
판 전 지역의 숙소에 무료 픽업 서비스를 제공한다.

지도 P.89-G
위치 가라판 DFS T 갤러리아 사이판 뒤쪽 호텔 갤러리아 1층
오픈 14:00~24:00
휴무 연중무휴
요금 전신 마사지(60분) $60, 발 마사지(30분) $30, 전신 +
발 마사지(90분) $90
전화 670-233-1003, 670-233-1005

하나미츠 스파
Hanamits Spa

하나미츠 호텔 내에 있는 스파로 전신 마사지와 발 마사지를 비롯해 페이셜 케어, 네일 케어, 스파 패키지까지 가능한 종합 뷰티 숍을 지향하는 곳이다. 1층은 마사지와 스파 공간으로 운영되고 2층부터는 호텔 객실이다. 가라판 파세오 드 마리아나스 거리의 ABC 스토어 바로 맞은편에 위치한 지리적 이점과 입구를 고급스럽게 꾸며놓은 덕분에 가라판 시내를 쇼핑하던 손님들이 피로를 풀기 위해 많이 들른다.

손님들의 다양한 요구에 맞출 수 있도록 프로그램을 세분화한 점이 눈에 띈다. 전신 마사지 11코스, 발 마사지 3코스로 다양하게 준비돼 있고 페이셜 케어는 총 8가지 코스가 있는데 남성의 피부에 맞게 최적화한 코스도 있다. 네일 케어나 스크럽 등의 보디 케어, 스파 패키지까지 다양한 구성을 자랑한다.

지도 P.89-C
위치 파세오 드 마리아나스 거리 ABC 스토어 맞은편
오픈 11:00~02:00
휴무 연중무휴
요금 보디 마사지(60분) $50~, 페이셜 마사지(60분) $80, 보디 트리트먼트(60분) $60
전화 670-233-1818
홈피 www.saipanhanamitsu.com

미라지 스파
Mirage Spa

마사지 숍이라는 입간판이 없다면 레스토랑이나 카페라고 착각할 만큼 외관이 감각적으로 느껴진다. 1·2층 구조로 깔끔한 인테리어에 테이블도 갖춰져 있다. 1층은 발 마사지와 네일 아트를 위한 전용 공간이다. 마사지 후에 차가운 맥주와 음료를 마실 수 있는 바와 휴식 공간이 있어 남성 고객들도 많다. 2층은 본격적인 마사지를 받는 공간으로 2인실이 갖춰져 있다. 발 마사지와 아로마 전신 마사지를 추천하며, 자외선 케어인 젤 마사지도 받아볼 만하다. 1호점은 하나미츠 호텔 & 스파 옆에 있고, 피에스타 리조트 & 스파 건너편에 2호점도 문을 열었다.

지도 P.89-C
위치 파세오 드 마리아나스 거리 하나미츠 호텔 & 스파 옆(1호점), 코럴 트리 애비뉴 거리 피에스타 리조트 & 스파 건너편(2호점)
오픈 11:00~02:00
휴무 연중무휴
요금 발 마사지(60분) $60~, 아로마 전신 마사지(60분) $65~, 젤 마사지(60분) $70
전화 670-233-4137
홈피 www.mirage-pacific.com

베르데 스파
Verde Spa

사이판의 터줏대감이라고 불릴 만큼 한자리에서 오랫동안 운영해온 스파 마사지 숍. 오일, 비누 등 각종 스파 용품이 모두 유기농이라 더욱 건강해지는 느낌이다. 여느 마사지 숍에 비해 규모가 큰 편으로 특히 스파 패키지를 받는 트리트먼트 룸을 넓게 활용하는 게 특징이다. 스파 베드는 물론이고 자쿠지, 샤워실, 화장실이 독립적으로 마련돼 여유롭고 쾌적하게 마사지를 즐길 수 있다. 스파 패키지 가격이 부담스러운 고객을 위해 50% 요금 할인 등 연중 프로모션을 진행한다. 주변에 마사지 숍이 밀집돼 경쟁적으로 마케팅을 하는데, 나눠주는 브로슈어에 할인 정보가 보기 쉽게 정리돼 있으니 마사지를 받는 여행자라면 챙겨두는 것도 좋겠다.

지도 P.89-D
위치 가라판 하얏트 리젠시 사이판 건너편 O2 스파 옆
오픈 10:00~24:00
휴무 연중무휴
요금 발 마사지(60분) $60~, 아로마 전신 마사지(60분) $65~
전화 670-233-7799

힐링 스톤 유유 스파
Healing Stone Yu Yu Spa

사이판 교민들, 특히 여성 교민들이 추천하는 스파 숍이다. 마사지 외에 사우나 시설까지 이용할 수 있다는 게 큰 장점. 그것도 평범한 사우나가 아니라 '핑크 암염 원적외선'이란다. 핑크 암염 원적외선 사우나는 신진대사를 촉진시켜 몸속의 독소와 노폐물을 배출하는 디톡스 효과가 있으며 혈행을 도와 여성들의 피부 관리에도 좋다고 한다. 일반 오일 마사지 후에도 여성들을 위한 스톤 마사지, 림프 마사지, 스포츠 마사지, 난소 기능 강화 마사지 등을 추가할 수 있다. 차별화된 마사지 프로그램이 다양한 편인데 요금은 60분 기준 $50~70 선으로 보통의 스파 숍과 비슷해서 합리적이다.

지도 P.88-F
위치 가라판 홀리데이 사이판 리조트 내
오픈 11:00~01:00
휴무 연중무휴
요금 발 마사지(60분) $60~, 아로마 전신 마사지(60분) $65~, 사우나(30분) 1인 $20~
전화 670-233-6696

[STAYING]

세런티 호텔 사이판

Serenti Hotel Saipan

평균 예약률 90%를 자랑하는 요즘 사이판에서 가장 핫한 호텔. 위치가 좋은 데다 게스트하우스와 비슷한 가격에 호텔 서비스를 누릴 수 있는 '가성비'가 돋보인다. 최근 사이판 시내가 팽창하면서 시내의 중심이 하얏트 리젠시 사이판 쪽에서 세런티 호텔 사이판 주변으로 옮겨진다는 말이 나올 정도. 사이판의 새로운 맛집으로 떠오른 부바 검프 레스토랑이 같은 건물에 있고, 호텔 주변에 면세점을 비롯한 숍 등도 잘 갖춰져 있으며, 인근의 베스트 선샤인 호텔 & 카지노까지 오픈하면 이 일대가 더욱 핫해질 것이다. 1층 리셉션 옆 여행사를 이용하면 마나가하 섬 투어나 정글 투어를 신청하기도 수월하다.

객실 공간이 비교적 널찍한 편으로 샴푸, 린스 등 어메니티도 잘 구비되어 있다. 체크인 시 물, 커피, 차가 제공되고, 미니바가 따로 없지만 숙소 근처의 마트에서 음료나 간식을 사다가 냉장고에 보관할 수 있다. 1층 로비에는 커피를 마실 수 있는 아늑한 휴식 공간, 옥상에는 푸른 잔디 위에 테이블과 의자가 마련되어 있다.

지도 P.89–G
위치 가라판 DFS T 갤러리아 사이판 맞은편, 베스트 선샤인 호텔 & 카지노 옆
요금 스탠더드 $80~
전화 670-233-5201
홈피 www.serentisaipan.com

하얏트 리젠시 사이판

Hyatt Regency Saipan

여행자들이 원하는 리조트의 조건을 모두 갖춘 사이판의 대표 숙소. 사이판의 대표 해변인 마이크로 비치를 전용 해변처럼 사용할 수 있으며, 가라판 중심부에 자리하고 있어 언제 어느 때나 맛집은 물론 쇼핑, 산책이 가능하다.

그뿐인가? 미야코, 테판야끼 등 사이판에서 내로라하는 고급 레스토랑을 보유하고 있고, 부족함 없는 부대시설과 하루 종일 있어도 지루하지 않을 아름다운 트로피컬 정원이 있다. 차별화된 밀착 서비스도 대접받고 있는 느낌, 존중받고 있는 느낌, 사이판에 여행 온 것을 환영받고 있는 느낌을 들게 한다.

하얏트 리젠시 사이판은 7층 건물에 총 317개의 객실을 보유하고 있는데, 쾌적하

지도 P.89-D
위치 가라판 마이크로 비치
요금 스탠더드 $205~410(15%
TAX 포함)
전화 670-234-1234
홈피 saipan.regency.hyatt.com

고 깔끔한 객실은 하얏트의 명성을 짐작케 한다. 더욱 업그레이드 된 서비스를 받고 싶다면 리젠시 윙 객실을 선택해보자. 푸른 바다에 떠 있는 마나가하 섬을 바라보는 가장 사이판다운 경치를 즐길 수 있다.

투숙객을 대상으로 한 리젠시 클럽 전용 라운지에서는 아침에는 조식을, 저녁에는 칵테일, 음료와 함께 카나페, 쿠키 등을 준비하고 있다. 또 클럽 전용 수영장을 이용할 수 있는 혜택이 있다.

마이크로 비치에서의 휴양과 가라판 다운타운을 자유롭게 다닐 수 있는 최고의 위치까지 하얏트 리젠시 사이판에서는 휴양과 관광 두 마리 토끼를 모두 잡을 수 있다.

피에스타 리조트 & 스파
Fiesta Resort & Spa

1997년부터 다이치 호텔로 운영하던 곳을 2005년 피에스타 리조트 & 스파가 인수, 리노베이션을 거쳐 새롭게 태어났다. 리조트 앞에 마이크로 비치가 있어 해양 액티비티를 즐기기에 더없이 좋은 위치다.

대대적인 리노베이션을 거쳤기에 사이판에 있는 호텔 중 비교적 모던하고 새로운 느낌이 든다. 동급의 호텔에 비해 객실이 넓지는 않지만 정갈한 비품과 깔끔한 인테리어가 인상적이다. 이곳에서 가장 눈에 띄는 곳은 바로 사우스 윙 7층에 있는 레이디스 룸. 여성을 위한 세심한 배려가 돋보인다. 사이판 호텔에서 보기 드문 레인 샤워기를 욕실에 설치해놓았고, 샤워용 퍼프, 때밀이 수건, 손톱 브러시까지 각종 비품이 잘 갖추어졌다. 부대시설로는 4개의 레스토랑과 2개의 수영장, 테니스 코트가 있으며, 매일 밤 오션 뷰 테라스에서 사이판에서 가장 유명한 컬처럴 디너쇼가 열린다.

합리적인 가격과 밝은 분위기로 가족 여행은 물론 커플이나 친구들과 함께하는 여행에서 우선적으로 고려해볼 숙소다.

지도 P.89-C
위치 가라판 하얏트 리젠시 사이판 옆
요금 스탠더드 $120, 오션뷰 $140, 이그제큐티브 $190, 레이디스 $190~ (TAX 별도)
전화 670-234-6412
홈피 www.fiestasaipan.com

STAYING

그랜드 브리오 리조트 사이판

Grandvrio Resort Saipan

403개의 객실을 갖춘 대형 호텔이다. 가라판의 중심지인 DFS T 갤러리아 사이판과 조텐 쇼핑센터, 가라판 스퀘어 등을 걸어서 갈 수 있는 좋은 위치에 있다. 또한 다소 번잡한 대형 호텔의 이미지에서 탈피하기 위해 노력한 흔적이 돋보인다. 로비를 지나 안쪽으로 들어서면 녹음이 우거진 정원과 시원한 수영장이 있어 한결 여유로운 분위기다. 호텔은 크게 메인 윙, 크리스털 타워, 타가 타워 세 가지로 나뉜다. 전 객실 오션 뷰로, 특히 발코니를 없애고 확장형으로 만든 타가 타워의 객실에서는 바다를 가까이 조망할 수 있다. 트윈, 트리플, 스위트, 트윈 커넥팅 등의 룸 카테고리가 합리적이며 가족 여행객이나 기업의 인텐시브 여행 등 단체 여행객들이 선호한다. 합리적인 가격을 지닌 편리함과 휴식 공간이 공존하는 호텔이다.

지도 P.88-F
위치 가라판 DFS T 갤러리아 사이판 맞은편
요금 메인 윙 $100~, 크리스털 타워 $110~, 타가 타워 $120~
전화 670-234-6495
홈피 http://grandvrio-saipan.com

STAYING

하와이 호텔
Hawaii Hotel

뾰족 지붕에 살구색이 감도는 외관이 호텔이라기보다 미국의 가정집을 떠오르게 한다. 중국인이 운영하는 호텔로 좋은 서비스를 받으며 미국의 가정집에 홈스테이하는 듯한 기분을 느낄 수 있다. 아늑한 분위기 때문에 입간판을 제대로 보지 않으면 호텔이라는 것을 알아채기 어렵다. 하지만 1층 리셉션을 지나 계단을 올라가면 외부에서 본 것과 달리 널찍한 공간이 펼쳐진다. 2개의 빌딩에 스탠더드 룸, 패밀리 룸, 스위트 룸이 마련돼 있으며 가장 저렴한 객실도 규모가 큰 편이고 욕실도 깔끔하다. 빌딩과 빌딩을 연결해주는 옥상에 테이블을 두어 투숙객이 자유롭게 이용할 수 있도록 꾸몄다. 호텔 곳곳에 나무와 꽃, 그리고 동물과 만화 캐릭터가 그려져 있어 아기자기함을 더한다. 위치가 좋아 호텔 주변 맛집을 찾기가 쉬워 사이판을 찾는 아시아인은 물론 서양 투숙객에게도 인기가 많다.

지도 P.89-C
위치 피에스타 리조트 & 스파 맞은편
요금 스탠더드 $90~99, 패밀리 $120~, 스위트 $180~(성수기·공휴일은 $20 추가)
전화 670-233-5259
홈피 www.saipanhawaiihotel.com

센추리 호텔
Century Hotel

사이판의 대형 리조트인 '피에스타 리조트 & 스파'와 '카노아 리조트'를 경영하는 그룹에서 운영하는 캐주얼 호텔. 커플 혹은 친구들과 함께 온 젊은 여행자들이 주로 투숙하는 중저가형 호텔이다. 수영장이나 기타 부대 시설은 없지만 자매 리조트인 피에스타 리조트 & 스파의 수영장을 무료로 이용할 수 있고, 리조트까지 오가는 셔틀버스도 운행한다. 1층에는 24시간 영업하는 설리스 커피숍이 있어서 조식은 물론 야식도 주문할 수 있고, 바로 옆에 99센트 슈퍼마켓이 있어 먹을거리를 쇼핑하기도 편리하다. 객실 배정은 비교적 전망이 좋은 높은 층을 추천하지만 엘리베이터가 없어 계단을 이용해야 하므로 무리가 되는 여행자는 저층 객실 배정을 요청하자.

지도 P.88-J
위치 가라판 미들 로드 99센트 슈퍼마켓 옆
요금 비수기 $90, 성수기 $105~125
전화 670-233-1420
홈피 www.centuryhotel-spn.com

하나미츠 호텔 & 스파
Hanamits Hotel & Spa

가라판 스퀘어의 중심에 있는 숙소로 1층에는 스파가 있고 2층부터 객실이다. 바다를 고집하지 않고 위치만 따진다면 최상이라고 볼 수 있다. 숙소에 있다가 언제든 맛집 투어나 쇼핑, 나이트라이프를 즐기러 나갈 수 있다. 하지만 이런 장점이 조용히 휴양을 원하는 여행자에게는 단점이 될 수 있다. 가라판 스퀘어 한복판에 있기 때문에 조용한 휴식은 다소 포기해야 한다. 객실은 단정하고 깔끔하다. 각 층에 유료 빨래방이 있으며 7박 이상 예약 시 10% 할인해준다. 호텔 1층에 있는 스파와 연계한 패키지 상품도 있으니 체크인할 때 확인해보고 할인된 가격으로 스파를 받아보자.

지도 P.89-C
위치 파세오 드 마리아나스 거리 ABC 스토어 맞은편
요금 더블 · 트윈 $75, 패밀리 $85, 엑스트라 베드 $20
전화 670-233-1818
홈피 www.saipanhanamitsu.com

148

호텔 갤러리아
Hotel Galleria

비교적 오래된 호텔이지만 위치나 객실 조건 등을 따져보면 강점이 많은 호텔. 좁은 복도에 객실 간격 또한 좁고 낡아 보이는 인테리어라 첫눈에 여행자의 마음을 동하게 하는 요소는 없지만, 객실이 넓은 편이고 필요한 물품을 꼼꼼하게 갖춰 놓았다. 가장 큰 장점은 위치. 호텔 바로 앞에는 사이판에서 가장 큰 쇼핑센터인 DFS T 갤러리아 사이판과 아이 러브 사이판이 있다. 출출하면 가까운 청기와, 뉴 더블 차이니스 레스토랑, 하드록 카페 등의 맛집에서 식사할 수 있다. 호텔 1층 보디 워크스에서 마사지를 받고 하루를 마무리하면 손색없는 하루 투어 코스가 완성된다.

지도 P.89-G
위치 가라판 아이 러브 사이판 뒤쪽 블록
요금 로열 $90~, 디럭스 $100~, 스위트 $140~180
전화 670-233-1333, 2122

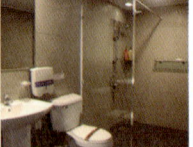

다오라 게스트하우스
Daora Guest House

좋은 위치와 정갈한 환경으로 여행자들에게 사랑받고 있는 게스트하우스. 사이판은 교통비가 비싸기 때문에 실속형 여행자들이 숙소를 고를 때 위치를 중시할 수밖에 없는데, 그런 기준에서 다오라 게스트하우스는 100점 만점에 100점. 마이크로 비치 등의 웬만한 주요 스폿에서 이동하기 좋은 위치에 자리하고 있으며, 1층에는 주인이 운영하는 마트가 있어 멀리 가지 않고도 간단한 먹을거리와 생필품을 구입할 수 있다. 옵션 투어 예약도 가능하며 공항 픽업과 샌딩 요금은 1인당 $20선이다.
총 2층 건물로 전 객실에 개별 욕실이 있고, 공동 주방과 거실, 그리고 바비큐장을 갖추고 있다. 푸른색과 노란색의 객실은 밝고 경쾌한 분위기다. 가족과 함께 독립적으로 사용할 수 있는 투 베드 룸과 패밀리 룸은 1년 내내 인기가 높다.

지도 P.89-H
위치 가라판 팜 스트리트 천지와 갓파더스 바 옆 블록
요금 $60(2인), 엑스트라베드 추가 1인 $25
전화 670-233-1828, 670-483-3736, 1666-8267
홈피 www.daoraguest.com

STAYING

라이트 하우스
Light House

사이판에서 인기 있는 게스트하우스로 꼽히는 곳. 가라판 한복판에 위치하지만 번잡하거나 시끄럽지는 않다. 2015년 가을 오픈 당시만 해도 호텔이나 대형 리조트를 선호하는 한국인들에게 어필할 수 있을까 의문스러웠지만, 여행자들이 급증한 데 반해 늘 부족한 숙소 문제와 가성비를 따지는 여행자들의 많아지면서 높은 인기를 유지하고 있다. 객실은 싱글 룸, 게스트 룸, 패밀리 룸으로 나뉜다. 싱글 룸과 게스트 룸은 공동 욕실을 사용하고 그 이상 규모의 룸부터는 객실에 개별 욕실이 딸려 있다. 공동으로 사용하는 주방에서 간단한 음식을 해먹을 수 있는데 종종 여행자들끼리 친목을 다지는 공간으로 활용하기도 한다. 가족들이 선호하는 패밀리 룸은 개별 욕실과 주방이 딸려 있어 좀 더 프라이빗하게 이용할 수 있다. 체크인은 오후 2시, 체크아웃은 낮 12시다. 사이판에서 즐길 만한 투어 예약이 가능하며, 투숙객에 한해서 추가 요금을 내고 공항 픽업 서비스를 이용할 수 있다.

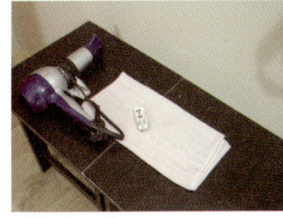

지도 P.89-G
위치 가라판 로열 팜 애비뉴 거리 카프리초사 뒤 장군 식당 2층, 사이판 메이드 옆
요금 싱글 $50~, 커플 & 게스트 $58~72, 패밀리 $150~(성수기 $10~20 추가)
전화 670-989-2733
홈피 blog.naver.com/dabong757
※ 카톡 아이디 soohye0524

The Other Area
가라판 외 지역

여유로움 만끽하는 천혜의 휴양지

사이판 관광의 중심지는 단연 가라판이지만, 가라판 이외에도 사이판은 매력적인 곳이 너무도 많다. 사이판 남부는 행정의 중심지 수수페 지역을 비롯해 찰란 카노아, 산 안토니오 지역이 자리한다. 북부는 산 로케 지역을 필두로 깎아지른 듯 아찔한 절벽과 바다 절경을 품고 있다. 특히 라오라오 베이 골프 & 리조트, 월드 리조트 사이판, 퍼시픽 아일랜드 클럽(PIC) 사이판, 켄싱턴 호텔 사이판 등 이름난 리조트들이 가라판 외 지역에 분포한다. 관광객이 북적이는 가라판 시내를 떠나 보다 고즈넉한 분위기에서 휴양을 즐기고 싶다면 좋은 선택이 될 것이다.

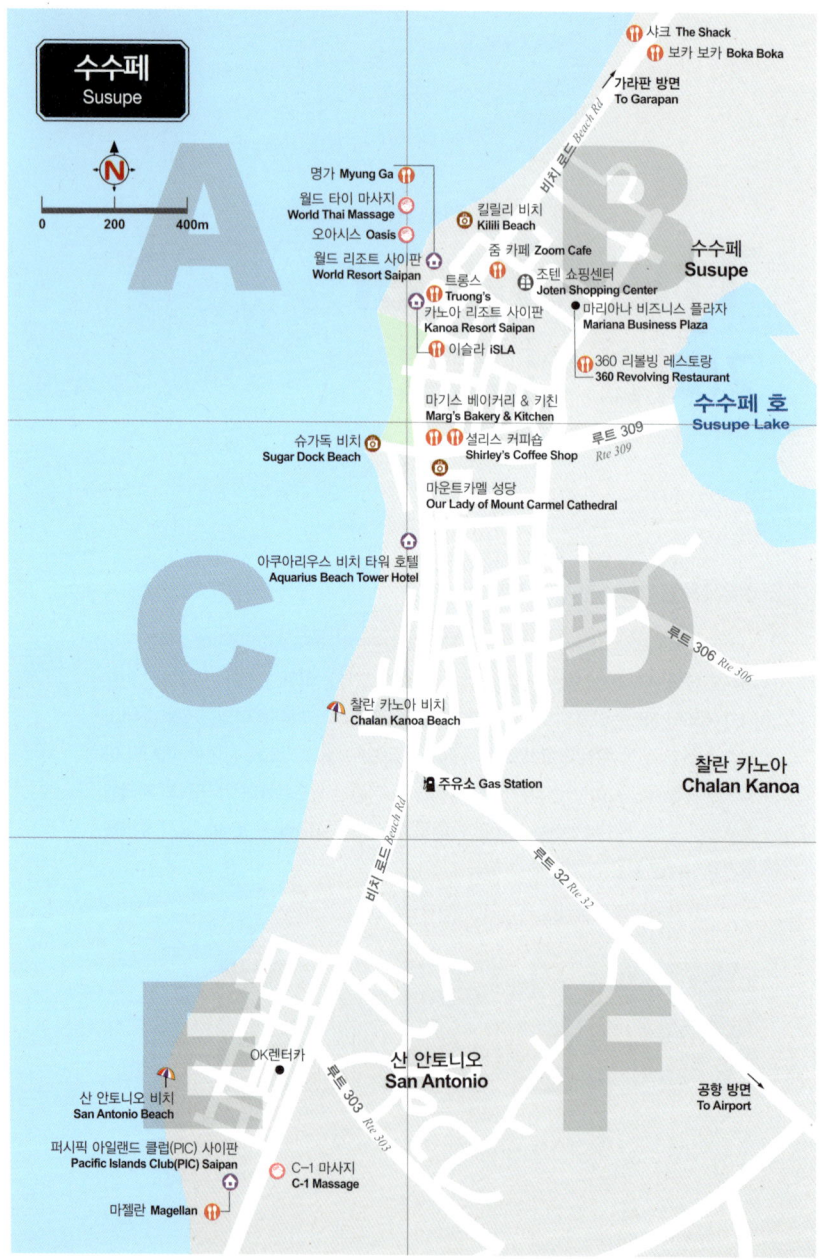

수수페
Susupe

사크 The Shack
보카 보카 Boka Boka

가라판 방면
To Garapan

비치 로드 Beach Rd

0 200 400m

명가 Myung Ga
월드 타이 마사지 World Thai Massage
오아시스 Oasis
월드 리조트 사이판 World Resort Saipan

킬릴리 비치 Kilili Beach
줌 카페 Zoom Cafe

조텐 쇼핑센터 Joten Shopping Center

수수페
Susupe

트롱스 Truong's
카노아 리조트 사이판 Kanoa Resort Saipan
이슬라 iSLA

마리아나 비즈니스 플라자 Mariana Business Plaza

360 리볼빙 레스토랑 360 Revolving Restaurant

마기스 베이커리 & 키친 Marg's Bakery & Kitchen

수수페 호
Susupe Lake

슈가독 비치 Sugar Dock Beach

셜리스 커피숍 Shirley's Coffee Shop
루트 309 Rte 309

마운트카멜 성당 Our Lady of Mount Carmel Cathedral

아쿠아리우스 비치 타워 호텔 Aquarius Beach Tower Hotel

루트 306 Rte 306

찰란 카노아 비치 Chalan Kanoa Beach

찰란 카노아
Chalan Kanoa

주유소 Gas Station

비치 로드 Beach Rd

루트 32 Rte 32

OK렌터카

산 안토니오
San Antonio

공항 방면
To Airport

산 안토니오 비치 San Antonio Beach
퍼시픽 아일랜드 클럽(PIC) 사이판 Pacific Islands Club(PIC) Saipan

루트 303 Rte 303

C-1 마사지 C-1 Massage

마젤란 Magellan

사이판 남부
South Area of Saipan

가라판 방면 To Garapan

수수페
Susupe

월드 리조트 사이판
World Resort Saipan

카노아 리조트 사이판
Kanoa Resort Saipan

마운트카멜 성당
Our Lady of
Mount Carmel Cathedral

아쿠아리우스 비치 타워 호텔
Aquarius Beach Tower Hotel

수수페 호
Susupe Lake

카페 망고 식스
Cafe Mango Six

허먼스 모던 베이커리
Herman's Modern Bakery

찰란 카노아
Chalan Kanoa

카리스 풀 빌라
Karis Pool Villa

퍼시픽 아일랜드
클럽(PIC) 사이판
Pacific Islands
Club(PIC) Saipan

산 안토니오
San Antonio

스카이웨이 카페
Skyway Cafe

단단
Dan Dan

단단 비치 Dan Dan Beach

C-1 마사지
C-1 Massage

마젤란
Magellan

아진간 곶
Agingan Point

아진간 비치
Agingan Beach

코럴 오션 포인트 리조트 클럽
Coral Ocean Point Resort Club

사이판국제공항
Saipan International Airport

오브잔 비치 드라이브
Obyan Beach Dr.

나프탄 로드 Naftan Road

래더 비치 드라이브 Ladder Beach Dr.

래더 비치
Ladder Beach

오브잔 비치
Obyan Beach

0   1km

사이판 북부
North Area of Saipan

필리핀 해
Philippine Sea

사바네타 곶
Sabaneta Point

만세 절벽
Banzai Cliff

한국인 위령탑
Korean Memorial

일본군 최후 사령부
Last Command Post

자살 절벽
Suicide Cliff

만디 아시안 스파
Mandi Asian Spa

마리아나 바비큐
Mariana BBQ

윙 비치
Wing Beach

마리아나 리조트 & 스파
Mariana Resort & Spa

마미산
Mt. Marpi

라구아 카탄 곶
Lagua Katan Point

마리아나 컨트리클럽
Marianas Country Club

가라판
방면
To
Garapan

파우파우 비치
Pau Pau Beach

칼라베라 동굴
Kalabera Cave

사이판 그로토
Saipan Grotto

버드 아일랜드
Bird Island

버드 아일랜드 전망대
Bird Island Lookout

아추가오 비치
Achugao Beach

산 로케
San Roque

켄싱턴 호텔 사이판
Kensington Hotel Saipan

아쿠아 리조트 클럽 사이판
AQUA Resort Club Saipan

이스트 문 East Moon

로리아 Loria

아쿠아 헬스 스파 Aqua Health Spa

0   1km

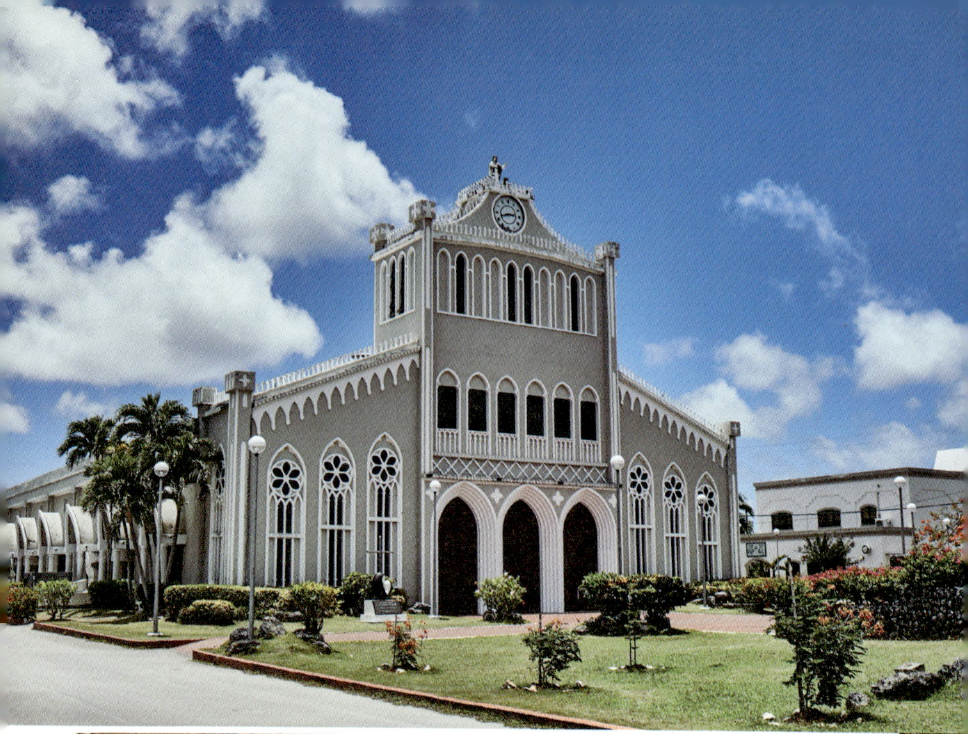

SIGHTSEEING

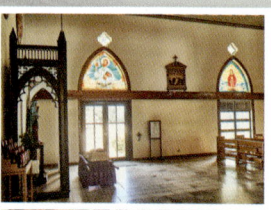

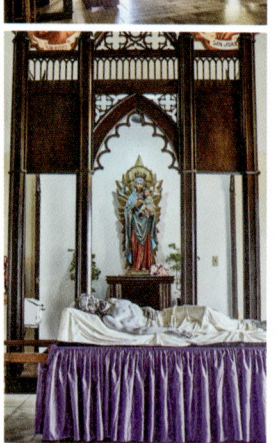

마운트카멜 성당

Our Lady of Mount Carmel Cathedral

북마리아나 제도의 교구 주교좌 성당이다. 주교좌 성당은 교구의 중심 본당으로서 주교가 직접 관할하는 성당을 말한다. 스페인 통치 시대에 건축돼 제2차 세계대전 중 유실된 것을 1949년 복원했다. 완공 후 교황 요한 바오로 2세가 이 성당을 주교좌 성당으로 승격시켰다. 성당 앞에는 아기 예수를 안고 있는 성모마리아 상이 있고, 안으로 들어서면 천사들이 성수를 들고 있는 모습이 보인다. 이 성수를 손가락 끝에 찍어 성호를 긋고 차분히 자리에 앉아 기도하는 신자들의 머리 위로 스테인드글라스를 통과한 빛이 떨어지는데 그 모습이 가히 성스러워 보인다. 주일 미사는 매주 오전 9시에 진행된다. 마운트카멜 성당 뒤에 한인 성당도 마련돼 있다.

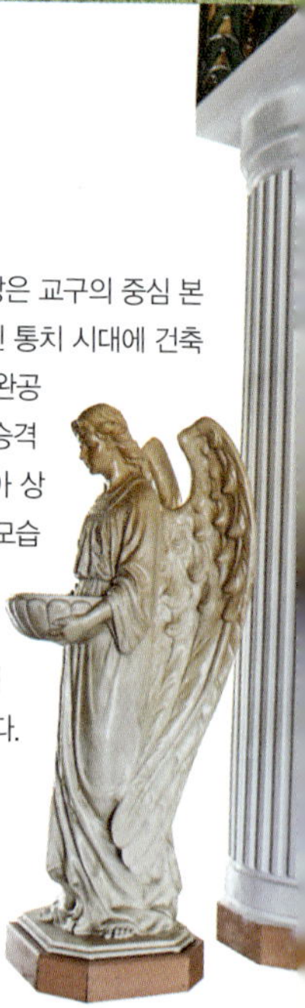

지도 P.152-D
위치 수수페 비치 로드, 슈가독 비치 맞은편
오픈 06:00~18:00

SIGHTSEEING

슈가독 비치

Sugar Dock Beach

아직 많이 알려지지 않은 사이판 중부의 일몰 포인트. 붉게 물든 남국의 바다와 하늘을 여유롭게 감상하기 좋은 곳이다. 오래전 마리아나 해구 때문에 큰 배가 해변으로 들어올 수 없던 시절, 사이판 전통 배로 물고기를 잡던 어부들은 바로 이곳에 배를 대고 바다를 오갔다. 시간이 흘러 선착장의 기능을 잃어버린 지금은 동네 아이들의 놀이터가 된 지 오래. 아름다운 해변을 배경으로 코코넛 나무에 오르거나 서로 경쟁하듯 다이빙 실력을 뽐내기도 한다.

가는 방법은 어렵지 않다. 서쪽 해안의 비치 로드를 따라가다 마운트카멜 성당 맞은편 해변 방향 도로로 나가면 된다. 비치에 야외 샤워 시설과 식사를 할 수 있는 테이블이 있어 현지인들의 나들이 명소로도 사랑받는다. 휴일이면 물놀이와 바비큐를 즐기는 가족 단위 나들이객, 스쿠버 다이빙 강습을 받거나 스노클링을 위해 찾아오는 여행자들과 동행할 수 있다. 초입에 바다와 함께 살아가는 사람들의 안녕을 기원하던 십자가와 기도 테이블이 있다.

지도 P.152-C
위치 수수페 비치 로드, 마운트 카멜 성당 맞은편 길로 진입

SIGHTSEEING

마나가하 비치

Managaha Beach

사이판에 있는 모든 아름다운 비치를 단숨에 평범하게 만들어버릴 정도로 아름다운 비치. 사이판 인근에서 가장 투명한 바다를 자랑한다.

보트를 타고 마나가하 선착장을 지나 비치에 도착하면 그저 아름답다는 말 이외의 다른 수식어가 생각나지 않을 정도. 꽤 바다 멀리까지 나가도 어른 가슴 정도로 수심이 얕아 수영을 잘 못하는 사람들이 스노클링을 즐기기에 좋다. 마나가하 비치 주변에서는 스쿠버 다이빙이나 바나나 보트 등 다양한 해양 스포츠를 즐길 수 있다. 그저 여유롭게 일광욕하기만 해도 마치 천국에서 호사를 누리는 듯한 느낌이다.

지도 P.84-D
위치 마나가하 섬 서쪽 해안
오픈 08:40~16:00
※**요금·가는 방법은** p.50
'마나가하 섬 투어' 참조

만세 절벽

Banzai Cliff

'만세'의 일본식 발음을 따서 '반자이 클리프'라고 불리는 만세 절벽은 사이판 최북단의 사바네타 곶 Sabaneta Point 과 라구아 카탄 곶 Lagua Katan Point 사이에 있다.

만세 절벽은 1944년 7월 7일, 태평양전쟁 당시 일본군이 미군에 대항해 최후의 공격을 단행했던 곳이다. 이미 패색이 짙었던 일본이 전세를 역전시킬 수 없음을 알고 일본인 군인과 민간인이 이곳에서 '반자이(천황 만세)'를 외치며 절벽 아래로 뛰어내렸다고 한다. 만세 절벽은 사이판에서 일본과 가장 가까운 곳에 위치해 있어 일본인들의 조국을 향한 마음을 대변한다. 약 80m 절벽 아래를 내려다보면 거친 파도가 변함없이 바위에 부딪히고 있다.

전망대 주변에는 전몰자를 위한 위령탑과 관음상이 있다. 슬픔을 간직한 역사와는 상관없이 풍경은 그저 한적하고 아름답기만 하다.

지도 P.153–F
위치 사이판 북부 끝에 위치, 마피 로드를 따라 북쪽으로 진입하다 갈림길에서 반자이 클리프 로드로 진입

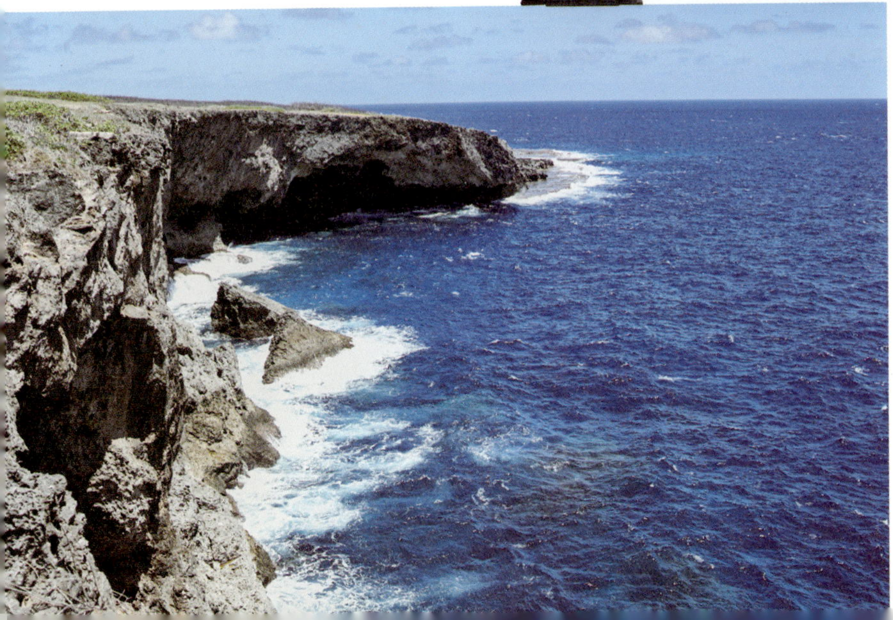

자살 절벽
Suicide Cliff

해발 249m의 마피산은 남쪽의 완만한 경사면과는 달리 북쪽 절벽이 깎아지른 듯하다. 만세 절벽과는 불과 5분 거리이고 두 곳 모두 비슷한 풍경이라 헷갈려하는 여행객들이 많다. 만세 절벽은 절벽 아래가 바다인 반면, 자살 절벽은 절벽 아래가 바위로 되어 있다.

최후의 공격 이후에 마지막까지 살아남은 일본군 장교들과 민간인이 이곳 자살 절벽에서 뛰어내렸다고 한다. 미군에 투항하는 것은 조국에 대한 배반이라고 여긴 민간인들이 항복을 권하는 미군의 방송에도 불구하고 차례로 몸을 던졌다. 너무 많은 사람들이 몸을 던져 시체 위에 떨어져 살아남은 사람이 있을 정도였다고 하니 그 당시 처참했던 광경을 생각하면 숙연해질 수밖에 없다. 지금도 간간히 유골이 발견된다고 한다.

현재는 평화 공원이 조성되어 있고 공원 중앙에 십자가를 등에 지고 있는 관음상이 서 있다. 전망대에서는 푸른 정글 속에 자리하고 있는 일본군 비행장 터와 활주로가 보인다.

지도 P.153-F
위치 사이판 북부에 위치, 마피 로드 따라 북쪽으로 진입, 이후 반자이 클리프 로드 진입로를 지나 직진하다 갈림길에서 자살 절벽 Suicide Cliff 이정표 따라 5분

일본군 최후 사령부
Last Command Post

마피산 아래에 있는 전적지로 동굴 모양의 지형에 콘크리트를 발라 진지를 구축했다. 원래는 일본군의 감시 초소와 진지로 사용되던 곳이었으나 전세가 몰린 일본군이 미군에 쫓겨 마지막까지 저항한 장소라 '일본군 최후 사령부'라 불리게 되었다.

아직도 남아 있는 탄흔은 당시 격렬했던 전투의 모습을 말해주고 있다. 동굴 입구에 관람객을 위한 안전 구조물이 없다면 그 뒤에 공간이 있으리라고 도저히 생각하기 어려울 정도로 깊숙이 감춰져 있다. 동굴 앞에는 잘 가꿔진 정원이 있고 여기저기 흩어져 있던 당시 무기들을 모아 전시하고 있다. 일본군 최후 사령부 주변으로는 전몰자를 위한 위령비와 탑이 있다.

지도 P.153-F
위치 사이판 북부에 위치, 마피 로드 따라 북쪽으로 진입, 이후 반자이 클리프 로드 진입로 지나자마자 오른쪽

버드 아일랜드
Bird Island

사이판 그로토에서 약 1.5km 정도 남쪽에 위치한 '버드 아일랜드'는 이름 그대로 새가 많고 섬 주변으로 파도 치는 모습이 새의 날갯짓을 닮았다. 현지인들은 거북이 가 웅크리고 있는 모습과도 닮았다며 '거북 바위'라 부 르기도 한다. 석회암이 주성분인 섬에는 둥지를 만들기 에 적합한 구멍들이 많아 자연스럽게 '새들의 고향'이 되었다. 이른 아침이나 해가 질 무렵이면 엄청난 수의 새들이 날아들어 장관을 이룬다. 이를 보기 원한다면 이른 아침이나 늦은 오후 시간대를 택하는 것이 좋다. 섬으로 직접 들어갈 수는 없고 전망대에서만 구경할 수 있다. 전망대까지 내려가는 계단이 가파른 편이니 조심 해야 한다.

지도 P.153–H
위치 사이판 북동부에 위치, 마피 로드 따라 북쪽으로 진입, 자살 절벽 지난 후 갈림길 나오면 버드 아일랜드 방향

칼라베라 동굴
Kalabera Cave

'칼라베라'는 스페인어로 해골을 뜻한다. 동굴 초입이 눈코입이 뻥 뚫린 해골과 닮아서 일명 '해골 동굴'이라 불리게 됐다고. 그 길이만큼 역사도 깊은데 고대 차모 로인이 살던 유적지로 동굴 내부에는 아직 원주민들이 그린 벽화가 남아 있다. 스페인 통치 시대에는 시체를 매장하는 용도로 쓰였고 제2차 세계대전 당시에는 일 본군의 야전 병원으로 사용됐다고 전해진다. 데크 산책 로가 주차장부터 동굴 입구까지 조성돼 있고 출입구 쪽 으로는 차로모인들이 사용했던 라테스톤 모형이 설치 돼 있다. 하지만 현재는 동굴 입구부터 출입이 제한돼 내부를 둘러볼 수 없다. 동굴에서 일어날 수 있는 대형 사고를 미연에 방지하기 위함이란다. 인적이 드문 곳이 라 늦은 시간에 방문하거나 혼자 방문하는 것은 피하는 것이 좋다.

지도 P.153–H
위치 사이판 북동부에 위치, 버드 아일랜드 전망대 지나 이 정표를 따라 비포장 도로 이동

SIGHTSEEING

한국인 위령탑
Korean Memorial

일본군 최후 사령부 남쪽 오키나와 탑 근처에 있으며 제2
차 세계대전 당시 강제 징용으로 사이판에 끌려와 희생되
었던 한국인들을 추모하기 위해 세운 탑이다. 당시의 한국
인들은 일본군의 강제 노역은 물론이고 전시에는 일본군
의 총알받이가 되기도 했다. 탑은 한국을 향해 우뚝 서 있
다. 일본군을 위한 위령탑에 비해 규모가 작은 편이라 그
냥 모르고 지나치기 쉬운 게 아쉽기만 하다.
한국인 위령탑은 한국 정부에서 세운 것은 아니다. 사이판
현지에서 모은 기금에 한화 그룹이 참여해 세웠다고 한다.
사이판 북부를 여행한다면 빼놓지 말고 들러 역사적 의미
를 되새겨보자.

지도 P.153-F
위치 사이판 북부에 위치, 마피 로드 따라 북쪽으로 진입, 반자
이 클리프 로드 갈림길 전

지도 P.153-H
위치 사이판 북동부에 위
치, 마피 로드 따라 북쪽
으로 진입, 왼쪽으로 반
자이 클리프 로드 진입로
를 지나서 직진하다 그로
토 드라이브로 진입

SIGHTSEEING

사이판 그로토
Saipan Grotto

사이판 최고의 스쿠버 다이빙 포인트라 할 수 있
다. 다이버들에게는 워낙 유명해 전 세계 다이버
들이 꼭 가봐야 할 명소로 손꼽는다. 유명세에 비
해 입구는 다소 협소하지만 당황스러움도 잠시.
100여 개의 계단을 내려가면 절로 탄성이 나올
정도로 환상적인 풍경을 맞이할 수 있다.
사이판 그로토의 비밀은 바로 동굴의 구조에 있
다. 동굴은 바깥쪽 바다로 이어지는데 햇빛이 이
바다의 수면에 반사되어 아름다운 빛을 연출해
낸다. 시간대에 따라 색깔이 다양하게 변하고 특
히 오후가 되면 동굴 전체에 빛이 들어와 장관을
이룬다. 스쿠버 다이빙 포인트이지만 스노클링하
는 사람들도 찾아볼 수 있다. 계단이 미끄럽고 경
사가 가파른 편이라 주의해야 한다.

SIGHTSEEING

파우파우 비치
Pau Pau Beach

사이판 북부에 위치한 한적한 해변. 파우파우는 차모로어로 '향기롭다'는 뜻이다. 이름만큼이나 풍경도 어여쁜 해변은 언제 가도 한 폭의 그림 같아 사랑을 속삭이는 연인들의 데이트 코스로 사랑받는다. 어디까지가 바다이고 어디서부터가 하늘인지 모를 정도로 수평선이 아득해 바라보고 있으면 시야가 탁 트인다. 에메랄드빛 바다는 수심이 얕고 파도가 잔잔해 스노클링하기에도 좋다. 주말에 찾는다면 현지인들의 여유로운 피크닉과 바비큐 문화를 엿볼 수 있다.

지도 P.153─G
위치 사이판 북부 켄싱턴 호텔 사이판 앞

SIGHTSEEING

킬릴리 비치
Kilili Beach

제2차 세계대전 당시 일본군이 사용하던 탱크가 잠겨 있다는 바다를 품은 해변. 가라판에서 비치 로드를 따라 남쪽으로 내려오다 보면 만날 수 있다. 토요타 삼거리와 월드 리조트 사이판 사이 옥빛 바다를 도착지로 삼으면 된다. 서쪽 해안을 따라 아름드리 나무가 머리 위로 서늘한 그늘 터널을 드리운다. 그 아래 서면 바닷바람에 가지와 잎이 부딪히며 사사삭 흔들리는 소리에 머릿속이 맑아진다. 해지는 시간에 가면 아름다운 선셋과 아름드리 나무의 조화에 또 한 번 홀딱 반하게 된다. 수심이 낮기 때문에 스노클링을 즐기는 사람들도 많다. 아침·저녁으로 시시각각 변하는 풍경을 감상하기 위해 해변을 따라 산책하는 현지인들을 자주 볼 수 있다.

지도 P.152─B
위치 수수페 비치 로드, 월드 리조트 사이판 옆

162

타포차우산 전망대
Mt. Tapochau

사이판의 중심부에 위치한 타포차우산은 해발 473m로 사이판에서 가장 높은 산이다. 정상의 전망대에 오르면 가라판 시내를 비롯해 서쪽의 마나가하 섬과 동해안의 절경, 남부의 수수페 등 사이판의 구석구석을 한눈에 바라볼 수 있다.

전망대 위에 있는 예수의 상이 사이판을 보듬듯 내려다보고 있는데, 지구는 둥글다는 말을 입증이라도 하듯 수평선이 직선이 아니라 곡선을 이룬다. 날씨가 좋은 날에는 남부의 티니안 섬은 물론 로타 섬까지 볼 수 있다. 정상으로 향하는 길은 비포장도로가 많아 운전하기에 다소 까다롭다. 북부 관광 투어를 이용하거나 정글 투어, ATV 체험을 통해 전망대에 오르는 방법이 낫다.

지도 P.85-H
위치 사이판 중부에 위치, 타포차우산 정상, 북부 투어나 정글 투어 등을 이용

포비든 아일랜드
Forbidden Island

금단의 섬이라고 불리며 사이판 섬의 남동부 라오라오만 동쪽에 자리하고 있다. '금단'이라는 이름 그대로 마치 세상과 단절된 듯 신비로운 느낌이 든다. 희귀한 식물과 동물 등 천연 자원을 사이판 정부가 보호하고 있는 보호구역이다. 여행자들이 개별적으로 방문하기에는 어려우므로 가이드가 안내해주는 투어로 참석하는 편이 낫다. 정글 투어를 이용할 경우 포비든 아일랜드를 볼 수 있는 전망대에 갈 수 있다.

지도 P.85-H
위치 사이판 남동부 라오라오만 동쪽, 정글 투어를 이용

성모 마리아상
Our Lady of Lourdes Shrine

사이판 현지인들에게 성지와도 같은 곳이다. 사이판 탈환을 위해 일본군과 연합군이 섬 전체에 폭격을 가할 때도 무사했던 곳으로 보리수 나무 밑 작은 동굴에 성모 마리아상이 모셔져 있으며 그 앞에는 성수가 나오는 펌프가 있다. 1년 내내 마르지 않는 이 샘물은 사이판 사람들이 아이를 낳으면 가장 먼저 찾아와서 아이를 목욕시키고 건강을 기원하는 곳이다. 관광객은 물론 가톨릭 신자들이 찾아와 성수를 마시고 기도를 드리는 곳이다.

지도 P.85-H
위치 사이판 중부에 위치, 캐피톨 힐에서 크로스 아일랜드 로드 Cross Island Road 따라 남쪽으로 약 2.5km, 도로 오른쪽 마리아상 이정표를 따라 좌회전 후 500m 가량 직진
오픈 일몰 전까지

SIGHTSEEING

오브잔 비치

Obyan Beach

산호가 깎여 각종 별 모양의 모래가 쌓여 만들어진 비치로, 해변에서부터 걸어 들어가 스쿠버 다이빙을 할 수 있는 유명한 포인트이다. 바닷물이 맑아 비치에 가까운 얕은 바다에서도 물고기를 볼 수 있어 스노클링에도 적격이다. 래더 비치에서 조금 더 동쪽에 위치하며, 이곳에서 역시 티니안 섬을 조망할 수 있다. 또한 다양한 별 모양의 모래를 사진으로 담는 것도 재미. 사이판 남부에 있어 접근성이 좋지 않다 보니 스쿠버 다이빙 등의 목적 없이는 쉽게 찾아가기 어렵다.

지도 P.153-D
위치 사이판 남부에 위치, 퍼시픽 아일랜드 클럽(PIC) 사이판에서 비치 로드를 따라 공항 방면으로 진입, 첫 번째 교차로에서 애스 고노 로드 As Gonno Rd 따라 우회전 후 직진, 오른쪽에 보이는 코럴 오션 포인트 리조트 골프 코스가 끝날 무렵 삼거리에서 오른쪽

SIGHTSEEING

래더 비치

Ladder Beach

사이판 남부에 자리한 비치로 공항에서 매우 가깝다. 해안의 길이가 100m 정도로 작은 편인 이곳이 유명세를 떨치고 있는 이유는 절벽 아래 자연적으로 형성된 동굴 때문이다. 오랜 세월 파도에 침식되어 만들어진 동굴의 절경이 신비롭다. 래더 비치 표지판에서 계단을 따라 내려가면 동굴이 나오는데 내부가 굉장히 시원하며 주말에는 바비큐를 즐기는 현지 주민들을 볼 수 있다. 티니안 섬을 가까이에서 조망할 수 있고, 해수욕은 적합하지 않다.

지도 P.153-C
위치 사이판 남부에 위치, 퍼시픽 아일랜드 클럽(PIC) 사이판에서 비치 로드를 따라 공항 방면으로 진입, 첫 번째 교차로에서 애스 고노 로드 As Gonno Rd 따라 우회전 후 직진, 오른쪽에 보이는 코럴 오션 포인트 리조트 골프 코스가 끝날 무렵 삼거리에서 오른쪽

SIGHTSEEING

제프리스 비치

Jeffrey's Beach

사이판 동부에 자리하고 있다. 이곳은 인기를 끌었던 한국 드라마 '여명의 눈동자'의 촬영지이기도 하다. 울퉁불퉁한 오프로드와 정글을 차례로 지나면 양쪽에 절벽이 서 있는 아늑한 해변이 드러난다. 양옆에 있는 절벽은 사람의 형상을 하고 있다. 왼쪽에 있는 절벽은 콧날이 오똑한 서양인 얼굴, 오른쪽은 동양의 할머니 옆모습 같다. 비치 주변으로 한국의 초가집 모양의 바위와 고릴라 바위, 악어 바위 등 재미난 모양의 바위가 있다. 사람이 바다로 가까이 가면 갈수록 파도가 세지고 거칠어진다는 말이 있고 해수면이 육지보다 높아 보이는 착시 현상을 일으키는 곳이다.

지도 P.84-E
위치 사이판 동부에 위치, 캐피톨 힐에서 309번 도로 따라 킹피셔 골프 링크스를 향해 가다 오른쪽

SHOPPING

조텐 쇼핑센터
Joten Shopping Center

사이판에서 비교적 규모가 큰 쇼핑센터로, 본점은 수수페의 월드 리조트 사이판 건너편에 위치하고, 지점이 가라판의 하파다이 쇼핑센터 안에 있다. 수수페 본점은 넓은 규모에 일용품부터 신선 식품류, 문구류, 잡화, 가전제품까지 현지인들을 위한 물품을 구비해두었다. 할인 마트와 백화점의 중간쯤의 분위기로 생각하면 된다. 가라판 지점은 기념품부터 양복까지 관광객들을 위한 물품을 주로 갖춘 편이다.

지도 P.152-B
위치 수수페 월드 리조트 사이판에서 360 리빙 레스토랑 방향 오른쪽(수수페 본점), DFS T 갤러리아 사이판 맞은편 하파다이 쇼핑센터 내(가라판점)
오픈 08:00~21:00(수수페 본점), 08:00~23:00(가라판점)
휴무 연중무휴
전화 670-234-6446(수수페 본점), 670-234-7596(가라판점)

RESTAURANTS

보카 보카
Boka Boka

사이판을 즐겨 찾는 여행자들이 잊지 않고 찾는 레스토랑. 오랜만에 차모로 전통 음식을 맛보고 싶은 마음에 부풀어서, 그사이 어떻게 변했을까 궁금해서, 꼭한 번씩 들르는 곳이다. 언제 봐도 유쾌한 주인 부부의 에너지는 고단한 여독을풀기에 좋은 피로 회복제. 처음 사이판을 찾는 관광객에게 차모로 전통 음식을알리고 싶어 문을 열었던 부부의 레스토랑은 이제 현지 차모로인이 더 자주 찾는 맛집이 되었다.

대표 메뉴는 켈라구엔이다. 먼저 소, 돼지, 닭 등의 육류와 새우 등의 해산물 중기호에 맞는 재료를 선택한다. 그런 다음 주재료를 잘게 다지고 갖은 채소와 허브를 곁들여 새콤한 라임이나 레몬으로 양념한다. 재료가 신선하고 맛이 상큼해한국인의 입맛에도 잘 맞는다. 특히 남녀노소 누구나 즐기는 치킨 켈라구엔과새우 켈라구엔은 강력 추천 메뉴. 함께 나오는 쌀 전병에 푸짐하게 싸 먹는 것은단골 손님의 팁이다. 이외에도 현지에서만 잡히는 생선을 바삭하게 튀겨 밥과

지도 P.152-B

위치 수수페 비치 로드 샤크 레스토랑 맞은편

오픈 평일 11:00~13:30, 17:30~20:00
토요일 11:00~14:00, 17:30~20:00

휴무 일요일

요금 메인 메뉴 $8.95~15.50, 모닝 · 런치 스페셜 $5.50~7.50

전화 670-235-2652

홈피 www.bokabokasaipan.com

함께 먹는 일품요리 에스카베체도 추천한다. 디저트는 달콤한 바나나튀김으로마무리 하는 게 좋다. 메뉴판은 현지어로되어 있지만 사진이 있어서 주문에 어려움은 없다. 단, 신용카드 사용이 불가능하니 기억해둘 것.

[RESTAURANTS]

샤크
The Shack

특이한 콘셉트와 상호 때문에 한국인 여행자들 사이에서는 '판잣집'으로 더 유명한 맛집. 킬릴리 비치 옆 올레아이 비치에 버려진 컨테이너 건물을 새롭게 리노베이션했다. 어머니가 집에서 해주는 음식만큼 맛있는 정성 어린 요리를 위해 매일 아침 오늘의 요리 plate of the day를 선보인다. 북마리아나 제도 요리 대회에서 헬시 푸드 챔피언 상을 수상한 주인장의 요리 실력과 먹거리에 대한 바른 철학이 돋보인다. 언제 가도 좋지만 이른 아침이라면 신선한 야채와 과일로 만든 스무디로 상쾌한 하루를 시작할 수 있다. 치킨 켈라구엔을 넣은 크레페와 팬케이크, 신선한 열대 과일을 듬뿍 넣은 샐러드도 아침식사로 제격이다. 정성 가득한 홈메이드 웰빙 요리는 물론이고 운영자의 경영 철학과 열대 섬의 분위기 등 여행자의 사랑을 꾸준히 받을 모든 자격을 갖추고 있다.

지도 P.152-B
위치 수수페 비치 로드 보카 보카 맞은편
오픈 08:00~14:00, 17:00~20:00
휴무 일 · 월요일 저녁
요금 메인 메뉴 $5~10
전화 670-235-7422
홈피 www.theshacksaipan.com

360 리볼빙 레스토랑

360 Revolving Restaurant

사이판 수수페 지역의 랜드 마크로 빌딩 외벽에 '360'이라는
간판이 크게 걸려 있어 멀리서도 눈에 띈다.
이곳이 특별한 이유는 사이판 동서남북을 모두 조망할 수 있다는 것.
전 좌석이 레스토랑 중앙의 바를 중심으로 천천히 회전한다. 앉은 자리에서
편안하게 식사를 즐기며 사이판의 정글과 에메랄드빛 바다를 파노라마로 감
상할 수 있다. 음식 가격도 합리적인 편. 평일 점심에는 $9.95와 $14의 런치 스
페셜 메뉴가 준비돼 있어 주변 지역의 회사원들이 많이 방문한다. 저녁에는
차분하고 로맨틱한 분위기가 연출되어 데이트 코스로도 애용된다.
메뉴판에 음식 사진은 없지만 한국어로 메뉴가 자세히 설명되어 있어 주문에
어려움은 없다. 추천 메뉴로는 레스토랑의 이름을 딴 큼직한 '360 버거', '셰프
스페셜', '360 특선 스테이크'가 있다. 이 외에도 가볍게 즐길 수 있는 샌드위치
와 파스타, 스테이크, 시푸드 요리까지 다양한 메뉴가 준비되어 있다.

지도 P.152-B
위치 수수페 월드 리조트 사이판 건너편
350m 마리아나 비즈니스 플라자 8층
오픈 월~금요일 11:00~14:00(마지
막 주문 13:30), 월~토요일 17:00~
22:00(마지막 주문 21:00)
휴무 일요일
요금 사이판 랍스터 $39, 랍스터 $68,
시푸드 $12~25, 스테이크 $15~36, 커
피 $2.5, 맥주 $3.75~4.25, 하우스와인
$5(SC 10%)
전화 670-234-3600, 670-235-0360
홈피 www.360saipan.com

스카이웨이 카페
Skyway Cafe

사이판국제공항 근처의 단단 지역에 위치해 관
광객에게는 다소 생소하지만 현지인들에게는 차
모로 음식을 비롯한 퓨전 요리가 맛있기로 소문
난 곳이다. 다양한 현지 음식을 선보이는데 놀랍게도 주인은 한국인 부부다. 오
픈 당시의 직원들이 현재까지도 일하고 있고, 꾸준히 이곳을 찾는 현지인 단골
손님도 많다고 한다. 추천 메뉴는 소꼬리를 진하게 우린 육수와 땅콩버터가 묘한
조화를 이루는 커리커리. 해산물을 아낌없이 듬뿍 넣은 크림스파게티와 오믈렛
도 인기다. 멀리서 찾아갈 가치가 충분할 만큼 맛이 좋다. 레스토랑 내부는 금연
이며 술 역시 판매하지 않는다.

지도 P.153-B
위치 사이판국제공항 근처 단단 지역에 위치, 퍼시픽 아일랜드 클럽(PIC) 사
이판에서 공항 방면으로 가다가 플레임 트리 로드로 진입, 이후 툰 허먼 팬
로드 따라 가다가 왼쪽
오픈 07:00~14:00, 17:30~20:30(일요일 14:00까지)
요금 메인 메뉴 $8~19, 오믈렛 $6.5~7.5, 음료 $1.75~3
전화 670-288-4188

셜리스 커피숍
Shirley's Coffee Shop

지도 P.152-D
위치 수수페 마운트카멜 성당 옆
오픈 06:00~22:00
휴무 연중무휴
요금 메인 메뉴 $10~, 샐러드 $9~,
수프 $9~, 음료 $3~, 맥주 $4~
전화 070-235-5379, 5380

현지인들이 편하게 이용하는 프랜차이즈 패밀리 레스토랑. 평일에는 주변 회사
원 손님이, 주말에는 외식하러 나오는 가족 단위 손님이 주를 이룬다. 외국인 손
님이 많지 않아 가게에 들어서는 순간 현
지인들의 시선을 한몸에 받을 수도 있다.
그럼에도 불구하고 한번쯤 들러보길 권
하는 이유는 부담 없는 가격에 간단한 브
런치부터 풍성한 저녁까지 다양한 식사를
즐길 수 있기 때문이다. 스테이크와 햄버
거를 비롯한 미국식 메뉴가 주를 이루는
데 깔끔한 퓨전 차모로 음식도 선보여 선
택의 폭이 넓은 편이다. 현지인들의 평범
한 식사가 궁금한 날 들러보자. 근처에 마
운트카멜 성당 있어 연계해 방문하는 것
을 추천한다.

이스트 문

East Moon

한국인 투숙객이 많은 켄싱턴 호텔 사이판에서 운영하는 세련된 분위기의 중식 레스토랑. 우리 입맛에 딱 맞는 한국식 중국 요리를 선보인다. 여행자는 물론 교민들도 즐겨 찾는 한국인을 위한 맞춤 맛집. 레스토랑은 2층 구조로 나뉘며 아름다운 정원이 보이는 창가석과 아늑한 분위기를 연출하는 홀석으로 구분된다. 2층에는 그룹 단위 손님이 이용 가능한 단체석을 갖춰 인원이 많은 경우에도 편하게 식사할 수 있다. 각종 중식 요리들의 맛이 모두 훌륭하지만 그중 최고는 런치 뷔페. 다양한 요리를 먹고 싶은 대로 골라 한자리에서 맛볼 수 있다. 디너는 코스로 서비스된다. 전채 요리로 샐러드와 딤섬이 나오고, 메인 요리와 식사류를 선택해서 주문할 수 있다. 디저트와 음료까지 포함된 코스 메뉴는 특히 가격 대비 만족도가 높다. 이스트 문은 켄싱턴 호텔 투숙자를 우선으로 예약 받고 있어 조기 만석이 될 수 있으므로 외부 호텔에서 묵는 여행자는 미리 확인하고 이용하자.

지도 P.153−G
위치 사이판 북부 파우파우 비치, 켄싱턴 호텔 사이판 1층
오픈 11:30~14:00, 18:00~21:30
휴무 연중무휴
요금 중식 뷔페 $48, 석식 코스 $40
전화 670−322−3311
홈피 www.kensingtonsaipan.com

RESTAURANTS

트롱스

Truong's

사이판에서 오래도록 인기를 얻고 있는 베트남 레스토랑이다. 사이판 현지인들은 물론이고, 특히 일본인 여행자들의 방문이 많은 곳이다. 독특한 글씨체의 입간판이 인상적이며 한국어로 '월남 음식'이라고 써 있어서 어렵지 않게 찾을 수 있다.

이곳에서 가장 인기 있는 메뉴는 쌀국수. 잘 우려낸 고기 육수와 갖은 야채를 넣어 개운한 국물 맛, 부드러운 국수의 식감이 좋다. 크리스피 누들 Crispy Noodle 또한 인기 메뉴다. 마치 피자처럼 큰 접시에 바삭하게 튀긴 국수를 얹고, 해산물을 비롯해 센불에 볶아 아삭거리는 야채가 새콤달콤한 소스에 버무려져 토핑으로 올려져 나온다. 맵지 않고 고소하게 바삭거리는 국수는 아이들이 좋아하고, 토핑으로 나온 해산물과 야채 볶음은 어른들의 입맛까지 만족시켜준다.

식후에는 베트남 커피를 주문하자. 한 잔씩 드립 커피로 나오기 때문에 향기 좋은 커피를 마실 수 있다. 유명한 만큼 식사 시간에 가면 기다릴 각오를 해야 한다.

지도 P.152-B
위치 수수페 월드 리조트 사이판과 카노아 리조트 사이판 사이
오픈 11:00~22:00
휴무 연중무휴
요금 쌀국수 $9~, 룸피아 $6~, 맥주 $6~, 베트남 커피 $3.50~
전화 670-235-8050

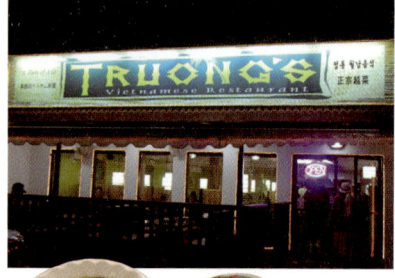

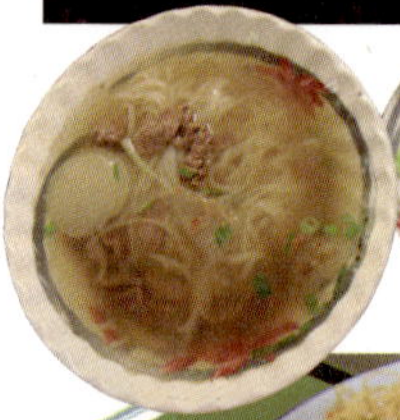

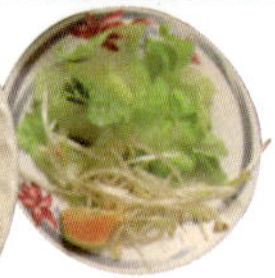

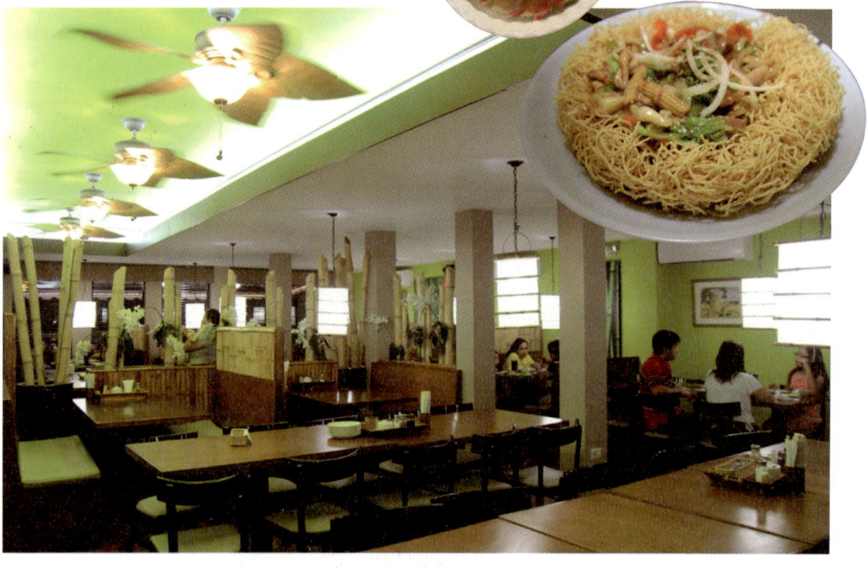

줌 카페

Zoom Cafe

사이판에서 '치맥'이 생각날 때 가는 곳. 주로 사이판에 거주하는 한국 교민이 단골 고객이다. 주메뉴는 한국식 프라이드치킨과 양념치킨, 간장치킨이다. 특히 프라이드치킨이 바삭하고 고소해서 사이판 현지인과 학생들에게도 인기가 많다.

가게 내부에는 벽걸이 평면 TV를 준비해 놓아서 축구나 야구 경기가 실시간 방송되는 날에는 발 디딜틈 없이 많은 사람들로 붐빈다. 배달 서비스도 가능한데 추가 요금 $2를 더 지불해야 한다. 여름 시즌에는 팥빙수도 인기 메뉴다.

지도 P.152-B
위치 수수페 월드 리조트 사이판 건너편
오픈 11:30~02:00
휴무 연중무휴
요금 치킨(프라이드, 간장, 양념) $18~, 맥주 $3~, 생맥주 2000cc $15~
전화 670-234-1010, 670-235-7717

명가
Myung Ga

월드 리조트 사이판 내에 있는 한식당. 월드 리조트 사이판의 투숙객은 모두 리조트 내에서 전 식사를 해야 하는데, 현지 맛집을 찾아다니고 싶은 여행자에게는 불만일 수 있으나 이는 곧 리조트가 레스토랑과 식음료 파트에 얼마나 집중하고 있는가를 보여주는 예다. 그만큼 음식 맛도 훌륭하다. 일부 리조트의 한식당이 구색 맞추기에 급급했다면, 명가는 제대로 된 한국 음식을 선보인다. 생갈비를 먹고 난 후 시원하게 입가심하는 냉면 맛도 좋고, 육개장과 해물탕, 부대찌개도 얼큰하고 시원하다. 한국에서 파견된 한국인 총주방장이 한식을 메인으로 담당하고 있으며 서비스 또한 수준급이다.

단, 리조트 내에 위치하다 보니 투숙객들이 편안한 차림으로 출입하는데 수영복, 젖은 옷, 상의 미착용, 맨발로는 출입할 수 없다.

지도 P.152-B
위치 수수페 월드 리조트 사이판 내
오픈 11:00~ 14:00, 17:00~22:00(마지막 주문 21:30)
휴무 연중무휴
요금 생갈비 $20~, 육개장 $10~, 냉면 $10~, 음료 $4~, 맥주 $5.50~
전화 670-234-5900
홈피 www.saipanworldresort.com

이슬라
iSLA

카노아 리조트 사이판 내에 있는 이슬라는 투숙객 위주의 레스토랑이기는 하지만 신선한 식재료와 다양한 요리, 적당한 가격까지 가성비 괜찮기로 소문난 곳. 아침, 점심, 저녁 모두 뷔페 스타일로 아메리칸, 멕시칸, 차모로식, 일식, 한식 등 다국적 음식을 준비하고 있으며 요일별로 메인 테마를 정해놓고 있다. 실내석과 야외석이 준비되어 있는데, 특히 테라스는 24시간 영업해서 야식이 필요할 때 요긴하다. 3세 이하 아이는 무료라서 아이가 있는 가족 여행객들에게 반갑다.

지도 P.152-B
위치 수수페 카노아 리조트 사이판 내 1층
오픈 조식 07:00~10:00, 중식 11:00~14:00, 석식 18:00~21:30
휴무 연중무휴
요금 조식 성인 $21, 어린이 $11 / 중식 성인 $23, 어린이 $12 / 석식 성인 $27, 어린이 $13.50
전화 670-234-6601
홈피 kr.kanoaresort.com

RESTAURANTS

카페 망고식스
Cafe MangoSix

한국 자본으로 운영하는 카페 겸 레스토랑으로 사이판의 카페 중에서는 규모가 제법 큰 편이다. 웰에이스 로드에 위치하고 있어서 차가 없으면 방문하기 힘들지만 요즘 대부분의 여행자들이 렌터카로 사이판을 여행하는 걸 감안하면 접근성이 그리 나쁜 편도 아니다. 렌터카 이용자를 위한 주차 시설도 잘 갖춰져 있다. 화이트로 깔끔한 2층 건물 내부는 커피 공정과 커피 콩, 핸드드립용 커피 머신의 사진으로 장식되어 있고, 에어컨 시설도 빵빵하다. 넓은 통유리도 된 2층은 탁 트인 전망으로 더욱 시원한 느낌이 들고 좌석 간 간격도 널찍한 편. 사이판의 학생들이 스터디하러 오기 때문에 넓은 테이블도 준비되어 있다. 커피와 햄버거, 스무디 등도 인기 있고 어린이들이 좋아하는 초콜릿 음료도 준비되어 있다.

지도 P.153-B
위치 북마리아나 대학에서 Rte 31 도로 따라 500m, 트윈즈 슈퍼마켓 옆
오픈 07:30~21:00(금·토요일 22:00 까지)
휴무 연중무휴
요금 커피 $3~, 스무디 $5.5~, 버거 $5~, 세트 메뉴 $9~
전화 670-234-0707

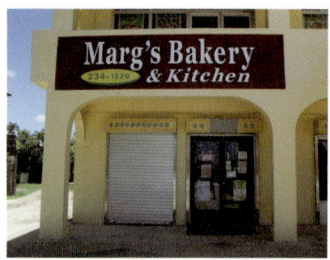

마기스 베이커리 & 키친

Marg's Bakery & Kitchen

베이커리 & 도시락 전문점. 간판도 눈에 띄지
않고 매장 내부도 평범하다. 하지만 현지인들
이 '엄지 척' 하는 이유가 있을까? 무언가 특
별한 게 있나 싶어 메뉴를 짚어보면 예상외로
단순하다. 현지인들이 즐겨 먹는 쌀밥, 스팸구
이, 달걀프라이가 든 도시락과 식빵, 파이, 쿠
키 등이다. 여기에 망고를 절인 피클 등 몇 가
지 반찬과 차모로 음식에 필요한 식재료를 갖
춘 것이 전부. 언뜻 보면 인기 있는 이유를 짐
작할 수 없으나, 자세히 보면 하나둘 색다른
매력 포인트가 눈에 들어온다. 먼저 아이들에
게 인기 만점인 핫도그를 직접 만들어 먹는
코너가 있고 그 옆으로는 더위를 식혀줄 아이
스크림도 팔고 있다. 주 고객층을 보니 점심
도시락을 사러 나온 인근의 회사원들과 아이
들 간식을 사러 온 주부들이다. 부담 없는 평
범한 집밥을 원하는 이들이 찾는 동네 사랑방
같은 느낌. 마운트카멜 성당 옆에 위치해 함께
들르기에 좋다. 현지 음식에 관심이 많은 여행
자에게 추천한다.

지도 P.152—D
위치 수수페 마운트카멜 성당 옆
오픈 평일 06:00~17:30, 토요일 11:00~17:00
휴무 일요일
요금 도시락 $5~12, 빵 $3.50~, 아이스크림 $3~
전화 670—234—1229

허먼스 모던 베이커리

Herman's Modern Bakery

단단 지역의 툰 허먼 팬 로드 Tun Herman Pan Road에 자리한 사이판 최고의 제과점이다. 단순히 제과점이라고 표현하기 미안할 만큼 사이판 제과 역사에서 중요한 위치를 차지하고 있는데, 그 기원은 일본 점령기로 거슬러 올라간다. 일본 점령기에 일본인에게 도제로 배운 제과 기술이 대대로 오늘날까지 내려오고 있다. 오랜 역사를 자랑하듯 입구 간판에는 설립 연도를 알리는 '1944년'이라는 문구가 쓰여 있다. 제과점 앞을 지나는 도로 이름이 설립자의 이름을 딴 '툰 허먼 팬 로드'라는 것은 이곳의 무게감과 중요성을 증명해준다.
외벽에 전시되어 있는 주문 제작용 스페셜 케이크부터 컵케이크까지 다양한 종류의 케이크가 준비되어 있고, 쿠키 등의 제과류가 매장을 가득 채우고 있다. 주문한 빵을 먹을 수 있는 테이블이 매장에 준비되어 있으며 간단한 식사 메뉴도 판매한다.

지도 P.153-B
위치 단단 지역의 툰 허먼 팬 로드에 위치, 퍼시픽 아일랜드 클럽(PIC) 사이판에서 사이판국제공항 방면으로 가다 플레임 트리 로드 지나 툰 허먼 팬 로드로 진입, 스카이웨이 카페와 주유소 지나 왼쪽
오픈 06:00~18:00(일요일 06:00~15:00)
휴무 연중무휴
요금 쿠키 $3~, 베이커리 $4~, 컵케이크(대) $20~
전화 670-234-1726
홈피 www.hermansmodernbakery.com

RESTAURANTS

로리아
Loria

크루즈 콘셉트로 운영하는 켄싱턴 호텔 사이판의 메인 레스토랑이다. 레스토랑 내부도 럭셔리 크루즈를 모티브로 꾸몄으며 화이트와 블랙을 매치해 모던한 분위기다. 아침, 점심, 저녁 화려한 뷔페 스테이션에 올라오는 품위 있고 깔끔한 요리는 없던 식욕도 되살릴 정도. 다국적 요리를 뷔페로 마음껏 골라 맛볼 수 있어 눈과 입이 즐겁다. 평소에는 한식과 중식을 베이스로 한 아시안 요리 비중이 높고, 수요일과 일요일 브런치에는 초밥과 참치회 등 일식의 비중이 높다. 여기에 이탈리안 요리 등도 추가로 선보인다. 메인 요리는 바닷가재와 스테이크 중 원하는 것으로 주문할 수 있다. 먹기 아까울 만큼 예쁜 디저트와 싱싱한 열대 과일도 푸짐하게 준비돼 있어 식성이 모두 제각각인 가족 여행자나 단체 여행자도 만족스러운 식사를 즐길 수 있다. 세계의 미식 트렌드를 경험해볼 수 있는 좋은 기회다. 로리아는 켄싱턴 호텔 투숙자를 우선으로 예약 받고 있어 조기 만석이 될 수 있으므로 외부 호텔에서 묵는 여행자는 미리 확인하고 이용하자.

지도 P.153-G
위치 사이판 북부 파우파우 비치, 켄싱턴 호텔 사이판 1층
오픈 11:30~14:00, 18:00~21:30
휴무 연중무휴
요금 중식 뷔페 $48, 석식 코스 $48
전화 670-322-3311
홈피 www.kensingtonsaipan.com

마젤란

Magellan

퍼시픽 아일랜드 클럽(PIC) 사이판 내에 있는 뷔페 레스토랑. 아시안, 차모로, 이탈리안, 아메리칸, 멕시칸 코너로 나뉘어 있으며, 각 코너에는 레스토랑의 전문 셰프들이 심혈을 기울여 만든 요리들이 집약돼 있다. 신선한 해산물과 샐러드, 각종 요리와 어울리는 하우스 와인과 맥주, 주스까지 다양하게 맛보고 즐길 수 있다. 특히 매주 일요일 점심에 선보이는 선데이 브런치 뷔페는 인기 절정. 리조트 내 유명 레스토랑의 모든 요리가 총집합해 호텔 투숙객은 물론 외부 손님들에게도 인기가 많다.

지도 P.152-E
위치 사이판 남부 산 안토니오 지역, 퍼시픽 아일랜드 클럽(PIC) 사이판 내
오픈 조식 07:00~10:00, 중식 11:30~14:00, 석식 18:00~21:00, 선데이 브런치 11:00~14:00
요금 조식 어른 $23, 어린이 $11.5, 중식 어른 $26, 어린이 $13, 석식 어른 $36, 어린이 $18, 선데이 브런치 어른 $30, 어린이 $15
전화 670-234-7976
홈피 www.pic.co.kr

마리아나 바비큐

Mariana BBQ

사이판에서도 유독 절경이 멋진 북부 산로케 지역에 위치한 마리아나 리조트 & 스파에서 운영하는 바비큐 뷔페. 마이크로네시안들의 전통 쇼와 저녁식사가 조합된 프로그램이다. 바비큐 뷔페는 리조트 내 수영장 근처 야외 레스토랑에 준비된다. 현지식인 차모르 음식과 해산물, 샐러드, 과일 등이 준비되고, 바비큐 그릴에서 셰프가 빠른 손놀림으로 고기와 해산물을 구워준다. 식사가 마무리 될 무렵 필리핀 밴드의 연주로 쇼가 시작되면, 전통 복장을 한 무희들이 열정적인 춤을 보여주고 불쇼도 곁들여진다. 해가 지는 시간에 시작해 아름다운 선셋을 만끽하는 것도 매력적이다.

지도 P.153-E
위치 사이판 북부 산 로케 지역, 마리아나 리조트 & 스파 내 레스토랑
오픈 18:30~21:30(화 · 토요일만 운영)
휴무 월요일, 수~금요일, 일요일
요금 $60
전화 670-322-0770, 02-738-8027(한국사무소)
홈피 www.marianaresort.co.kr

C-1 마사지

C-1 Massage

경혈 지압 마사지와 아로마 마사지를 전문으로 하는 마 사지숍이다. 퍼시픽 아일랜 드 클럽(PIC) 사이판의 바로 건너편에 위치한 지리적 이 점 때문에 리조트 투숙객들 이 많이 방문한다. 한국인이 운영하고 있으며, C-1이라 는 이름은 '시원한 마사지'라는 뜻을 중의적으로 표현한 것이란다.

10명의 마사지사가 모두 중국 출신으로 중의안마를 기 본으로 한 마사지를 한다. 룸은 총 7개로 마사지 베드는 2개가 기본이지만 가족 단위나 단체 여행객을 고려한 룸에는 베드 5개를 비치해두었다.

사이판을 떠나기 전 마지막으로 마사지를 받고 새벽 비 행기에 오르는 손님이 많은데 이 경우 공항까지 샌딩 서비스를 제공한다. 부모가 마사지를 받는 동안 아이가 기다릴 수 있도록 '뽀로로' 시리즈를 틀어줘 어린 아이 를 동반한 젊은 부부 고객에게 환영받고 있다.

지도 P.152-E
위치 사이판 남부 산 안토니오 지역, 퍼시픽 아일랜드 클럽 (PIC) 사이판 건너편
오픈 13:30~23:00
휴무 연중무휴
요금 전신 마사지(60분) $50~, 전신+발 마사지(90분) $80~
전화 670-235-0381, 670-483-5797

만디 아시안 스파

Mandi Asian Spa

우리가 알고 있는 사이판 스 파의 개념을 넘어선 곳이다. 마사지와 스파를 통해 심신 의 휴식을 유도하는 것은 동 일하지만 만디 아시안 스파 는 좀 더 좋은 시설을 갖추 고 특별한 서비스를 한다. 바다가 잘 보이는 위치에 발 리풍의 스파 건물을 갖춘 것 은 기본이고, 수영장을 비롯해 남국의 트로피컬 꽃잎을 띄운 플라워 배스, 자쿠지, 스팀 사우나, 라이브러리, 레 스토랑까지 한자리에서 만날 수 있다.

덕분에 스파 입장료를 지불하고 들어가서 하루 종일 프 라이빗하게 수영장과 부대시설을 이용하면서 진정한 휴식을 취할 수 있다.

마사지를 좋아하는 여행자라면 추가 요금을 내고 선호 하는 마사지를 받을 수도 있다. 발리에서 공수해온 오 일과 테라피스트들의 정성스러운 손길이 여행의 피로 를 풀어준다.

지도 P.153-E
위치 사이판 북부 산 로케 지역, 마리아나 리조트 & 스파 내
오픈 12:30~22:00
휴무 연중무휴
요금 스파 입장료(투숙객 $20, 외부 손님 $30), 아시안 브 랜드 마사지(50분) $90~, 페이셜 마사지(50분) $98~105
전화 670-322-0770
홈피 www.marianaresort.co.kr

아쿠아 헬스 스파
SPA

Aqua Health Spa

투숙객은 물론 외부 손님들에게
도 인기가 높은 사이판의 대표적
인 스파다. 마사지를 받을 수 있는
트리트먼트 룸과 독립된 자쿠지
가 있는데, 특히 냉탕과 온탕 자쿠
지가 있어서 한국인들의 선호도
가 높다.
마사지 마니아들이 선호하는 스
웨디시 마사지는 천연 오일을 사
용하며 고객이 선호하는 오일을
1~2개 블렌딩해서 마사지를 해주
기도 한다. 태교 여행을 온 임산부
를 위한 테마 스파 프로그램도 준
비되어 있다.

지도 P.153-G
위치 사이판 북부 아쿠아 리조트 클
럽 사이판 내
오픈 10:00~24:00
휴무 연중무휴
요금 오일 마사지(60분) $100~, 페
이셜 마사지(60분) $75~(TAX & SC
별도)
전화 670-322-1234
홈피 http://aquasaipan.co.kr

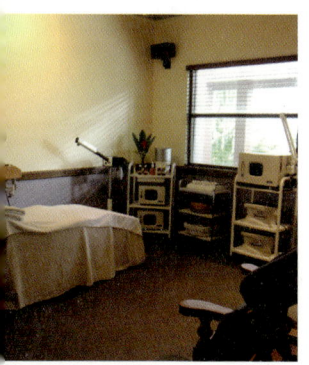

월드 타이 마사지
SPA

World Thai Massage

한국인들에게 인지도가 높은 태
국 마사지를 하는 곳이다.
인증받은 태국인 테라피스트가
상주하고 있으며 프로그램 역시
태국의 고품격 타이 마사지라고
불리는 로열 타이 마사지가 있다.
단품으로는 타이 마사지와 발 마
사지가 있고, 이 둘의 장점을 모아
놓은 콤비네이션 프로그램도 있
다. 로열 타이 마사지와 오일 마사
지를 조합한 프로그램 가격은 100
분에 $100 정도다.

지도 P.152-B
위치 수수페 월드 리조트 사이판 내
오픈 15:00~23:00(마지막 예약
21:00)
휴무 화요일
요금 타이 마사지(60분) $60, 발 마
사지(60분) $50, 로열 타이 마사지 +
오일 마사지(100분) $100
전화 670-234-5900
홈피 www.saipanworldresort.com

오아시스
SPA

Oasis

오일과 스팀, 물을 이용한 스파로
유명하다. 정신과 육체에 에너지
를 불어넣어 주는 고대 인도의 전
통 의학인 아유베다 스파 프로그
램을 선보인다. 프로그램은 크게
마사지 코스, 페이셜 트리트먼트
코스, 뷰티 세트 코스로 나뉘는데,
이중 뷰티 세트 코스는 이곳의 인
기 프로그램을 모아놓은 것이라
노하우가 집약돼 있다. 월드 리조
트 사이판 투숙객이 아니라도 이
용 가능하다.

지도 P.152-B
위치 수수페 월드 리조트 사이판 내
오픈 15:00~23:00(마지막 예약
21:00)
휴무 목요일
요금 마사지 코스(45분) $50~, 페이
셜 트리트먼트(50분) $50, 뷰티 세트
코스(90분~5시간) $80~350
전화 670-234-7779, 5907
홈피 www.saipanworldresort.com

켄싱턴 호텔 사이판
Kensington Hotel Saipan

이랜드가 니코 호텔을 인수한 후 리노베이션을 거쳐 새롭게 문을 열었다. 럭셔리 크루즈 콘셉트로 꾸며졌으며, 전 객실에서 사이판 북부의 멋진 바다가 조망된다. 아름다운 뷰는 물론이고 올인크루시브 패키지의 편리함이 여행자의 마음을 끈다. 미니바, 레스토랑, 액티비티까지 묶어서 합리적인 가격에 이용할 수 있으며 무엇을 먹을지, 무엇을 즐길지 고민하도 않아도 되니 진정한 휴식을 취할 수 있다. 호텔 내 레스토랑을 이용할 때는 현금을 들고 다니지 않고 켄싱턴 호텔 전용 여권을 이용하는 것도 재밌다. 마치 출·입국 도장을 찍듯 스탬프를 찍어 식사 여부를 확인하는 방식으로 소소한 여행의 재미가 있고, 편리하기도 하다.

호텔 내에는 로비 라운지, 바, 코코몽 키즈클럽을 비롯해 길이가 제법 긴 슬라이드가 있는 수영장도 갖췄다. 로리아 뷔페 레스토랑, 이스트 문 중식당 등 5개의 레스토랑을 운영 중이며, 리조트 앞 해변에서 카약, 카누, 워터 바이크, 스노클링 등 다양한 해양 레포츠를 이용할 수 있다. 여기에 더해 스파와 인피니티 수영장이 오픈할 예정이다.

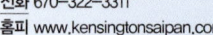

지도 P.153-G
위치 사이판 북부 파우파우 비치
요금 디럭스룸 $220 ~, 로열디럭스룸 $242~, 프리미어디럭스룸 $286~
전화 670-322-3311
홈피 www.kensingtonsaipan.com

마리아나 리조트 & 스파
Mariana Resort & Spa

사이판 북부의 안락하고 평화로운 대자연을 만끽하며 조용히 쉬다 오기 좋은 리조트. 부지가 매우 넓어 공간이 넉넉하고 무엇이든 여유롭게 누리기에 편리하다. 객실은 리프사이드와 빌라로 나뉘는데, 오션 빌라는 객실에서 바다를 조망하며 반신욕을 할 수 있는 자쿠지가 있고, 리프사이드 역시 탁 트인 오션뷰로 드넓은 객실을 자랑한다. 이밖에도 수영장, 레스토랑은 물론, 사이판 최고를 자랑하는 만디 아시안 스파 등 각종 부대 시설의 규모와 다양성은 입이 떡 벌어질 정도. 고카트, 승마, 9홀 미니 골프장을 비롯해 18홀의 마리아나 컨트리 클럽도 갖추고 있다. 덕분에 리조트를 벗어나지 않고도 다양한 즐길거리를 모두 경험할 수 있다. 리조트 부지가 넓어 레포츠 시설이 있는 트레킹 오피스로 가려면 버기를 이용해야 한다. 프런트 데스크 직원에게 미리 요청하면 된다.

지도 P.153-E
위치 사이판 북부 산로케 지역에 위치. 마피 로드 따라 진입해 아쿠아 리조트 클럽 사이판 지나 왼쪽
요금 리프사이드 : 스탠더드 $160, 스위트 $440, 빌라 : 메조네트 빌라 $170, 오션 빌라 $250, 엑스트라 베드 $50
전화 670-322-0770, 02-738-8027~8(한국사무소)
홈피 www.marianaresort.co.kr

퍼시픽 아일랜드 클럽(PIC) 사이판

Pacific Islands Club(PIC) Saipan

휴양과 액티비티를 모두 즐길 수 있는 종합 휴양 리조트로 한국인 여행자에게 가장 인지도가 높다. 룸 컨디션이 매우 좋은 편이라 할 수 없는데도 많은 가족 여행자들에게 큰 인기인 것은 리조트 내 워터파크와 레스토랑 등 부대시설이 잘 갖춰져 한 곳에서 모두 누릴 수 있는 편리함 때문이다. 특히 워터파크는 레이지 리버와 워터 슬라이드, 웨이브 풀 등 다이내믹한 물놀이가 가능하고, 물놀이하다 가 배가 고프면 마젤란, 시사이드 그릴 등 레스토랑을 찾으면 된다. 또 PIC 전용 비치에서는 스쿠버 다이빙 강습은 물론, 스노클링, 윈드서핑, 카약 등을 다채롭 게 즐길 수 있다. 테니스, 배구, 양궁, 인공 암벽 등반, 서바이벌 게임 등 40여 개 의 다양한 액티비티도 가능하다. 아이들을 위한 프로그램을 다양하게 구비한 키 즈클럽과 성인 2명에 어린이(만 4~12세) 2명까지 추가 요금을 받지 않는 것 등 도 가족 여행객에게 매력적. 대부분의 안내 문구에 한글이 포함되어 있는 것도 한국인 여행자들의 마음을 끈다.

지도 P.152—E
위치 사이판 남부 산 안토니오 지역 에 위치
요금 수페리어 $189~, 디럭스 $209~
전화 670—234—7976
홈피 www.pic.co.kr

코럴 오션 포인트 리조트 클럽

Coral Ocean Point Resort Club

사이판국제공항에서 불과 5분 남짓 거리로 매우 가깝고, 18홀의 아름다운 골프 클럽이 유명해서 골프 마니아들이 환영할 만한 리조트다. 미국 PGA 프로 골퍼 래리 넬슨이 디자인한 럭셔리 골프 클럽으로 현재 한국의 이랜드 그룹에서 운영하고 있으며, 사이판 남부 해안에 접하고 있어 장엄한 뷰를 자랑한다. 골프를 즐기며 멀리 해안 절벽을 낀 바다 풍광을 조망하는 것은 기본, 멀리 티니안 섬이 보이기도 한다. 파도가 높고 바람이 거셀수록 스릴 넘치는 라운딩을 즐길 수 있어 매일 실전에 임하는 재미가 달라진다. 한국인 직원이 상주하고 있어 의사소통에도 어려움이 없으며, 각 홀의 특성을 담은 설명서를 미리 숙지하고 포인트를 정해두는 것도 좋겠다. 골프장 외에도 수영장, 레스토랑, 컨퍼런스룸 등 다양한 부대시설도 갖추고 있다. 사이판 남쪽 끝에 위치해 사이판 관광의 중심지인 가라판과의 거리는 조금 떨어져 있는 것은 감안하자.

지도 P.153–C
위치 사이판 남부 끝 아긴간 비치
요금 오션 수페리어 $260, 오션 디럭스 $280,
이그제큐티브 코티지 $320~400,
전화 6710-234-7000
홈피 www.cogresort.com

카노아 리조트 사이판

Kanoa Resort Saipan

사이판 정부 청사 등의 주요 행정 기관이 모여 있는 수수페 지역에 위치한 호텔이다. 2012년 사이판 그랜드 호텔에서 카노아 리조트 사이판으로 이름을 바꾸고 리노베이션을 거쳐 한층 더 시설과 분위기가 고급스러워졌다. 전 객실이 바다 전망으로 동급의 다른 호텔이나 리조트보다 객실이 넓어 아이가 있는 가족 여행자들이 선호한다. 야자수가 있는 정원에는 2개의 수영장이 있어 물놀이를 즐기기에 좋고, 비치와의 접근성이 좋아서 해양 레포츠를 즐기기에도 편리하다. 관광객이 많은 가라판보다 한적해 휴양을 원하는 여행자들이 선호한다.

지도 P.152-B
위치 수수페 월드 리조트 사이판 옆
요금 메인룸 $140~, 타워디럭스룸 $160~, 패밀리룸 $175~, 로열디럭스룸 $175~(TAX 15% 별도)
전화 670-234-6601
홈피 www.kanoaresort.com

라오라오 베이 골프 & 리조트

LaoLao Bay Golf & Resort

라오라오 비치를 끼고 있는 천혜의 골프 코스와 모던하고
깨끗한 객실, 널찍한 수영장이 매력인 리조트. 호주 출신의
세계적인 프로 골퍼 그렉 노먼이 설계한 골프 클럽은 사이
판 최대 규모의 36홀을 자랑한다. 열대 우림과 절벽, 남태평
양의 해안선을 그대로 살린 코스 디자인은 환상적인 자연
풍광 속에서 통쾌한 샷을 날리는 호사를 안겨준다. 2인 1카
트, 노 캐디로 운영되며, 대부분 대기 시간이 거의 없이 여
유롭게 라운딩할 수 있다.

객실은 세 가지 타입으로 전 객실에서 바다를 볼 수 있고 밝
고 환한 분위기로 룸 컨디션이 매우 좋은 편. 널찍하고 여
유로운 수영장을 비롯해 레스토랑, 마사지숍, 슈퍼마켓 등
의 부대시설도 놓치지 않았다. 사이판의 주요 호텔 및 시내
까지 나가는 무료 셔틀버스를 낮 12시부터 19시까지 시간대
별로 운행한다.

월드 리조트 사이판

World Resort Saipan

한화호텔·리조트가 운영해 한국인에게 친숙한 분위기로
다채로운 시설의 워터파크가 자랑이다. 2m 높이의 파도풀
을 비롯해서 유수풀, 아쿠아 어드벤처, 스쿠버풀, 슬라이드
등이 익사이팅한 물놀이를 보장한다. 해변에서는 카약과 카
누, 워터 바이크, 스노클링 등 해양 스포츠를 즐길 수 있는
데 장비를 무료로 대여할 수 있고, 전문 강사에게 강습받는
것도 가능하다. 덕분에 따로 액티비티를 계획하지 않아도
온종일 리조트 내에서 지루하지 않게 보낼 수 있다.

265개의 객실은 모두 아름다운 바다 전망을 가지고 있으며,
리조트 내 5개의 레스토랑과 2개의 스파와 마사지숍 등 부
대시설에도 충실하다. 올 인크루시브 패키지를 선택하면 숙
박비에 식사 비용과 일부 부대시설 요금이 모두 포함돼 편
리하게 누릴 수 있다.

지도 P.85-H
위치 사이판 중부 해안 라우라우
비치 옆
요금 82.5m²(2인 기준) 회원 $80,
비회원 $400, 148.5m²(4인 기준)
회원 $140, 비회원 $700
전화 670-236-8888
홈피 www.laolaobay.com

지도 P.152-B
위치 수수페 카노아 리조트 사이판 옆
요금 수페리어 $180~
전화 670-234-5900, 02-310-7474(한국사무소)
홈피 www.saipanworldresort.com

아쿠아 리조트 클럽 사이판

AQUA Resort Club Saipan

산로케 지역에 자리한 코티지 스타일 리조트로 풍성한 꽃들로 둘러싸인 정원이 아름답다. 2층 건물은 모두 8 개동, 91개 객실을 갖췄는데, 객실 구조가 조금은 특별 하다. 2개의 객실이 공용 입구를 사용해, 공용 입구에 들어서면 각각의 객실을 연결하는 2개의 문으로 나누 어진다. 한 가족이 2개의 객실을 모두 사용할 때는 커넥 팅 룸처럼 사용할 수 있다. 바다와 마주보며 물놀이를 즐기는 수영장도 이곳의 자랑. 수영장은 1.2m의 패밀리 풀과 최대 4.8m인 다이빙 풀 두 가지로 구성돼 있다. 비 치와의 거리가 가까워 편리하게 이동할 수 있으며, 조 용히 휴양을 원하는 여행자에게 안성맞춤이다.

지도 P.153-G
위치 사이판 북부 산 로케 지역에 위치. 아추가오 비치 옆
요금 가든뷰 $143~, 디럭스 오션프런트 $230~, 엑스트라
베드 유료
전화 670-322-1234
홈피 http://aquasaipan.co.kr

아쿠아리우스 비치 타워 호텔

Aquarius Beach Tower Hotel

호텔과 리조트 일색의 사이판에서 조금 특이한 형태의 숙소. 장기 투숙자나 가족 여행객들을 타깃으로 문을 연 고급 아파트먼트다. 수수페 비치 로드에 있는 12층 건물로 모두 64개의 객실이 있다. 객실은 1베드룸부터 2, 3베드룸까지 다양하게 마련돼 있다. 모두 스위트형 구조로 침실, 거실, 부엌, 욕실, 발코니 등이 있으며, 발 코니에서 보는 바다 풍광이 빼어나다. 또한 각종 조리 기구들이 잘 갖춰진 주방은 당장 팔을 걷어붙이고 요리 하고 싶을 만큼 훌륭하다. 객실마다 세탁기와 건조기가 있어 장기 여행자에게도 불편함이 없다. 아침식사는 제 공하지 않지만 숙소 근처에 배달이 가능한 레스토랑이 많고, 슈퍼마켓에서 장을 보기에도 불편함이 없다. 에 어컨 시설은 훌륭하지만, 거실에서 중앙 작동하는 시스 템이라 방마다 개별 냉방은 어렵다. 하루에 한 번 청소 서비스가 있으며, 공항까지 무료 픽업 & 샌딩 서비스가 가능하다. 수영장이나 부대시설이 없는 것이 아쉽지만 장기 여행자를 비롯해 넓은 객실을 모두 함께 쓰고 싶은 가족 여행객이나 소규모 단체 여행객들에게 추천한다.

지도 P.152-D
위치 사이판 남부 찰란 카노아 지역에 위치, 마운트카멜 성 당에서 수수페 비치 로드 따라 450m
요금 1베드룸 $200~, 2베드룸 $240~, 3베드룸 $300~ (엑스트라 베드 유료)
전화 670-235-6025
홈피 www.castleresort.com/Home/accommodations/ aquariusbeach-tower

카리스 풀 빌라

Karis Pool Villa

한적한 사이판 남부에 위치한 게스트하우스. 번화가와 떨어져 있어 접근성이 좋다고 할 수는 없지만 다양한 부대시설로 단점을 보완했다. 깔끔한 객실은 모던, 프로방스, 내추럴 세 가지 타입으로 나뉜다. 객실마다 TV, 에어컨, 냉장고, 전기 포트와 욕실 어메니티가 갖춰져 있고 빌라 내 수영장, 레스토랑, 바비큐 공간이 마련돼 있다. 여기에 추가 요금을 내면 아침식사로 한식이나 콘티넨탈 조식이 제공되며, 마나가하 섬이나 정글 투어 등의 옵션 투어 예약도 가능하다. 이런 장점 때문에 '5 성급 게스트하우스'라고 부르기도 한다고. 어린이를 동반한 가족 단위 여행자도 불편함 없이 머물 수 있지만, 대중 교통비가 비싼 현지 상황을 고려할 때 차를 렌트하면 더욱 적합한 숙소다.

지도 P.153-B
위치 사이판 남부 피나시수와 단단 지역 사이에 위치
요금 2인실 $75~90, 4인실 $150
전화 670-285-0741, 070-4645-0645
홈피 cafe.naver.com/karisvillasaipan
메일 karissaipan@karissaipan.com
※ 카톡 아이디 hanfamily5

OK 게스트하우스

OK Guest House

인상 좋은 한국인 부부가 원주민의 주택을 개조해 만든 게스트하우스. 현지인처럼 살아보는 로컬 체험, 혹은 홈스테이를 경험하고 싶은 사람에게 추천한다. 나란히 서 있는 단독주택 두 채를 숙박동으로 꾸몄는데 각각 객실, 거실, 욕실, 주방 시설을 갖추고 있다. 에어컨은 있지만 TV는 없는데, 동행자의 얼굴 한번이라도 더 보고, 더 많이 대화하라는 주인장의 배려다. 게스트 하우스 주변에는 사이판에서 자라는 파파야, 코코넛, 망고나무가 둘러싸여 있어 코앞에서 관찰하거나 잘 익은 열매를 따 먹을 수도 있다. 장을 본 후 마당에서 바비큐해 먹으며 자연의 소리에 귀 기울이는 것도 좋다. 3박 이상 묵을 시 무료로 공항 픽업 서비스를 제공하며, 선택에 따라 렌터카를 예약할 수 있다.

지도 P.85-G
위치 찰란 키자 지역, 사이판 컨트리 클럽 남쪽에 위치
요금 4인 기준 $150, 1명 추가 시 $10
전화 670-285-6000
홈피 blog.naver.com/zooweemama67
메일 zooweemama67@naver.com
※ 카톡 아이디 zooweedad

Plus Area

Tinian Island
티니안 섬

손에 잡힐 듯 가까운 사이판의 부속 섬

티니안 섬은 사이판에서 남서쪽으로 약 5km 지점에 위치하며, 경비행기로 약 10분 거리다. 사이판 남부의 바닷가나 고지대에서는 티니안 섬을 눈으로도 볼 수 있을 만큼 가깝다. 티니안 섬의 아름다움을 직접 경험하기 위해 일일 투어를 이용하거나 스쿠버 다이버들이 다이빙 포인트를 찾아오기도 한다. 원시 자연을 간직한 섬에서 다양한 즐길 거리로 특별한 시간을 보낼 수 있다.

티니안 / Tinian

0 1.5 3km

- 소 곶 Ushi Point
- 하고이 공군기지 & 원자폭탄 탑재지 Hagoi U.S Air Force & Atomic Bomb Pits
- 출루 비치 Chulu Beach
- 블로 홀 Blow Hole
- 일본 해군 사령부 터 Japanese Marine Control Tower
- 필리핀 해 Philippine Sea
- 산미로 곶
- 라소산
- 아시가 곶
- 아시가 만
- 덤프 코크 포인트
- 롱 비치 Long Beach
- 티니안 그로토 Tinian Grotto
- 플레밍 포인트 Fleming Point
- 42번가 42nd St.
- 마사로크 곶
- 티니안국제공항 Tinian International Airport
- 구아간 곶
- 사이판 섬 Saipan Island
- 티니안 섬 Tinian Island
- 아구이한 섬 Aguijan Island
- 로타 섬 Rota Island
- 한인 위령탑 Korean Peace Memorial
- 플레밍 레스토랑 Fleming Restaurant
- 산호세 SAN JOSE
- 티니안 항
- 타가 하우스 Taga House
- 플레밍 호텔 Fleming Hotel
- 타가 비치 Taga Beach
- 타촉나 비치 Tachonga Beach
- 티니안 자살 절벽 Tinian Suicide Cliff
- ❶ 티니안 다이너스티 호텔 & 카지노 Tinian Dynasty Hotel & Casino
- ❶ 브로드웨이 레스토랑 Broadway Restaurant
- ❷ 제이시 카페 JC Cafe
- 캐롤리나스 라임스톤 포레스트 전망대 Carolinas Limestone Forest Trail

티니안으로 이동하기

- ●**프리덤에어** 사이판 670-288-5882, **티니안** 670-433-3288 www.freedomairguam.com
  사이판–티니안 구간을 하루 12~13회 운항한다. 사이판 기준 첫 비행기는 오전 6시 45분, 마지막 비행기는 오후 6시 30분이고, 티니안 기준 첫 비행기는 오전 7시 5분, 마지막 비행기는 오후 6시 5분이다. 비행 시간 10분, 요금은 편도 $50 내외, 왕복 $80 내외(어른 기준).
- ●**스타마리아나스에어** 사이판 670-433-9998, 9996 **티니안** 670-433-9294 www.starmarianasair.com
  사이판–티니안 구간을 오가는 6인승 경비행기로 다이너스티 호텔 홈페이지에서 예약 가능하다. 요금은 왕복 $99 내외(어른 기준).

티니안에서 이동하기

티니안에는 택시와 버스가 없기 때문에 렌터카나 여행사 일일 투어를 이용해 이동하는 것이 편리하다. 렌터카는 하루에 $50~90 정도이며 차종에 따라 다르다. 섬의 도로는 비교적 평탄하지만 비포장 도로도 있으므로 운전에 유의하자. 공항이나 호텔, 시내 대여점에서 대여가 가능하다.

타가 하우스

Taga House

고대 차모로족의 유적지이며 사이판이나 괌에서 쉽게 볼 수 있는 '타가 스톤(라테 스톤)'을 볼 수 있다. 북마리아나 제도에서 가장 큰 규모의 타가스톤으로 발견 당시에는 6기씩 2열로 늘어서 있었으나 태풍으로 훼손되고 현재는 하나만 남아 있다. 유적 주변으로는 플레임 트리가 심어져 있으며 공원으로 잘 조성되어 있다.

지도 P.192-D **위치** 산호세 마을 티니안 항 근처에 위치, 공항에서 자동차로 약 10분

타가 비치

Taga Beach

고대 차모로족의 족장과 그 가족의 물 놀이터였다고 한다. 암벽에 둘러싸인 비치는 포근한 느낌으로 프라이빗 비치로 삼기에 충분하다. 비치까지 내려가기 편리하게 계단을 설치해놓았다. 계단 옆의 난간은 다이빙하기 좋아 주말에는 아이들이 다이빙을 즐기는 모습을 쉽게 볼 수 있다. 절벽 아래로는 작은 동굴이 있어 햇빛을 피할 수 있다.

지도 P.192-D **위치** 산호세 마을 티니안 다이너스티 호텔 & 카지노 앞에 위치. 공항에서 자동차로 약 10분

타촉나 비치

Tachogna Beach

티니안에서 가장 아름다운 대표 비치. 비치가 넓고 물이 얕아 물놀이에 적합하며 열대어가 많아 스노클링을 즐기기에도 적합하다. 산호세 마을과 티니안 다이너스티 호텔 & 카지노와 가까워 관광객들에게 인기가 많다. 비치에는 해양 스포츠 숍이 있어 바나나 보트, 제트 스키 등을 즐길 수 있다. 해 질 무렵, 멀리 보이는 고트 아일랜드 사이로 비치는 오렌지빛 석양이 아름답다.

지도 P.192-D **위치** 산호세 마을 타가 비치 남쪽에 위치. 공항에서 자동차로 약 10분

캐롤리나스 라임스톤 포레스트 전망대

Carolinas Limestone Forest Trail

티니안 섬 남단에 있는 구릉지로 높은 곳에서 내려다보는 전망이 일품이다. 멀리 고트 아일랜드가 보인다. 태평양 쪽에 위치한 절벽은 태평양전쟁 말기에 수많은 일본군과 민간인들이 몸을 던진 곳이라 티니안 섬의 '만세 절벽'으로 불린다. 절벽 아래 바다는 수심이 깊고 맑은 편이어서 운이 좋은 날에는 바다거북이 헤엄치는 모습을 볼 수 있다.

지도 P.192-D
위치 티니안 섬 남단에 위치

블로 홀
Blow Hole

섬의 북동부, 하고이 공군 기지의 동쪽에 위치한 해안. 산호초로 이루어진 바위 아래쪽에는 크고 작은 구멍이 뚫려 있어 파도가 들이칠 때마다 물보라가 솟구치는 광경을 볼 수 있다. 파도가 강할 때는 20m 높이 이상 물이 치솟아 오르기도 한다. 발을 다치지 않도록 샌들은 피하는 것이 좋다. 이곳의 앞바다는 유명한 스쿠버 다이빙 포인트이기도 하다.

지도 P.192-B **위치** 섬 북동쪽 해안에 위치. 공항에서 자동차로 약 15분

소 곳
Ushi Point

티니안 섬 최북단에 위치한 곳으로 사이판 섬을 가장 가까이 볼 수 있다. 육안으로 월드 리조트 사이판이 보일 정도로 두 섬의 가까운 거리를 느낄 수 있다. 그러나 사이판 섬과 티니안 섬 사이를 관통하는 바다는 조류가 강해 배를 타고 갈 수 없다. 이곳에 있는 십자가는 예전에 배를 타고 사이판으로 가던 젊은이들이 전원 사망한 사고가 있어 그 혼을 달래기 위해 세웠다고 한다.

지도 P.192-B **위치** 섬 최북단에 위치. 공항에서 자동차로 20~25분

원자폭탄 탑재지
Atomic Bomb Pits

섬의 북단에 위치한 미군 공군 기지로 브로드웨이 로드와 이어진다. 현재도 미군들이 가끔씩 비행 훈련을 하는 곳으로 약 2500m의 활주로가 4개 있는데 활주로 북쪽에 원자폭탄 적재장 터가 있다. 이곳에서 제2차 세계대전 말기 히로시마와 나가사키를 향한 원자폭탄 탑재기가 출발했다. 터 주변으로는 기념비와 당시 사진이 단출하게 전시되어 있다.

지도 P.192-B **위치** 섬 북단 하노이 공군 기지 내 위치. 공항에서 자동차로 15~20분

브로드웨이
Broadway

티니안 섬의 모양이 뉴욕 맨해튼과 비슷해 섬을 관통하는 도로를 브로드웨이이라 불렀다고 한다. 그냥 도로임에도 불구하고 볼거리로 소개하는 이유는 드라이브를 하며 볼 수 있는 빼어난 전망 때문이다. 특히 티니안국제공항 남쪽으로는 바다를 향해 완만한 내리막길로 되어 있어 스쿠터나 렌터카를 이용해 섬 관광을 한다면 잠시 가던 길을 멈추고 경관을 즐길 만하다.

지도 P.192-B, D **위치** 섬을 남북으로 관통하는 메인 도로, 공항에서 티니안 다이너스티 호텔 & 카지노 근처까지 연결

브로드웨이 레스토랑

Broadway Restaurant

티니안 다이너스티 호텔 & 카지노의 메인 뷔페식 레스토랑. 고급스러운 인테리어는 물론 레스토랑의 한쪽 면이 통유리로 되어 있어 풀을 바라보며 식사할 수 있다. 다국적 요리사가 활약하고 있어 각국의 음식이 조화롭게 제공된다.

지도 P.192-D **위치** 티니안 다이너스티 호텔 & 카지노 내
오픈 06:30~10:00, 11:30~14:00, 18:00~21:30
요금 아침 $15~, 점심 $20~, 저녁 뷔페 $25~
전화 670-328-2233

플레밍 레스토랑

Fleming Restaurant

플레밍 호텔 내에 위치한 레스토랑으로 다양한 로컬 요리와 테판야끼 등의 일본 요리를 선보인다.

지도 P.192-D **위치** 플레밍 호텔 내 위치
오픈 07:00~14:00, 18:00~21:00
요금 아침 세트 $7~, 점심 세트 $13~, 테판야끼 $35~
전화 670-433-3232

제이시 카페

JC Cafe

티니안에서 가장 인기 있는 로컬 레스토랑. 다양한 차모로 요리를 비롯해 필리핀식, 아메리칸, 중식, 일식, 한식 등을 선보인다. 간판에 한글로 '식당, 가라오케, 술집'이라고 적혀 있어 반갑다.

지도 P.192-D **위치** 산호세 마을 중심가
오픈 07:00~02:00 **요금** 단품류 $9~ **전화** 670-433-3413

티니안 다이너스티 호텔 & 카지노

Tinian Dynasty Hotel & Casino

티니안을 대표하는 총 412개의 객실을 보유한 대형 호텔이다. 북마리아나제도에서 유일하게 카지노가 있는 호텔로 티니안의 랜드 마크이다. 24시간 운영되는 카지노에서는 다양한 테이블 게임과 슬롯머신을 즐길 수 있으며 투숙객에게는 $20의 매치플레이 쿠폰을 제공한다. 객실은 프레지던셜 스위트, 스위트, 디럭스로 구분되며 전 객실이 오션뷰이다. 숙박하지 않고 카지노만 이용하는 관광객들을 위해 경비행기와 연계한 티니안 1일 관광 투어를 운영하고 있다.

지도 P.192-D **위치** 섬 남부에 위치, 공항에서 자동차로 10분
요금 디럭스 $125~, 스위트 $260~
전화 670-328-2233, 02-2075-5590(한국사무소)
홈피 www.tiniandynasty.co.kr

플레밍 호텔

Fleming Hotel

객실 수가 총 13개인 소규모 호텔이지만 그만큼 아담한 매력이 있는 곳이다. 1층의 슈퍼마켓이나 레스토랑은 투숙객 외에 티니안 주민들도 자주 이용하고 있어 현지 분위기를 흠뻑 느낄 수 있다. 24시간 운영하는 코인 락커가 있으며, 티니안의 주요 관광지를 돌아보는 투어를 운영하고 있다.

지도 P.192-D
위치 산호세 시내에 위치, 공항에서 자동차로 10분
요금 1층 $86~, 2층 $64~ **전화** 670-433-3232

Plus Area

Rota Island
로타 섬

원형 그대로의 생태계를 만나다

로타 섬은 사이판에서 남쪽으로 136km, 괌에서는 60km 지점에 위치해 사이판보다는
오히려 괌에 더 가깝다. 주민들은 주로 섬 남서쪽의 송송 마을 Song Song Village에 거
주하고 있고, 호텔과 맛집 등도 몰려 있다. 섬 북쪽에는 해변이 발달해 있으며, 그 외 지
역은 인적이 드물어 거의 원형 그대로의 생태계를 유지하고 있다. 이는 제2차 세계대전
중 운이 좋게도 폭격을 거의 맞지 않은 덕분이기도 하다. 맑은 날에는 바닷속 시야가 약
70m까지 확보되어 스쿠버 다이버들에게도 인기가 많은 섬이다.

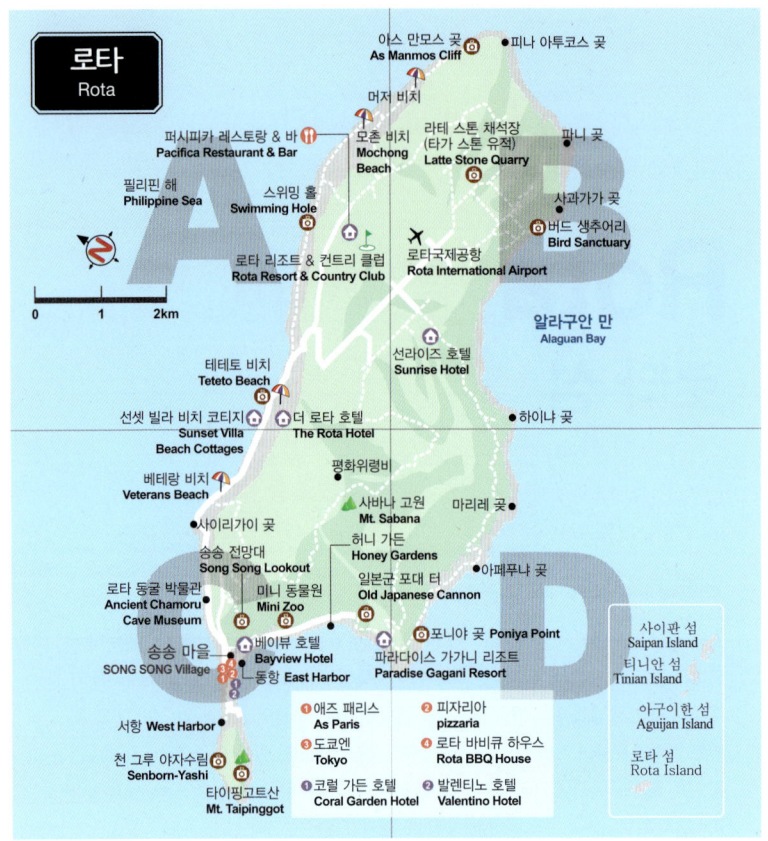

로타
Rota

아스 만모스 곶
As Manmos Cliff

피나 아투코스 곶

머저 비치

라테 스톤 채석장
(타가 스톤 유적)
Latte Stone Quarry

파니 곶

퍼시피카 레스토랑 & 바
Pacifica Restaurant & Bar

모촌 비치
Mochong Beach

필리핀 해
Philippine Sea

스위밍 홀
Swimming Hole

사과가가 곶

버드 생추어리
Bird Sanctuary

로타 리조트 & 컨트리 클럽
Rota Resort & Country Club

로타국제공항
Rota International Airport

알라구안 만
Alaguan Bay

0   1   2km

선라이즈 호텔
Sunrise Hotel

테테토 비치
Teteto Beach

하이나 곶

선셋 빌라 비치 코티지
Sunset Villa Beach Cottages

더 로타 호텔
The Rota Hotel

베테랑 비치
Veterans Beach

평화위령비

사바나 고원
Mt. Sabana

마리레 곶

사이리가이 곶

허니 가든
Honey Gardens

아페푸냐 곶

송송 전망대
Song Song Lookout

로타 동굴 박물관
Ancient Chamoru Cave Museum

미니 동물원
Mini Zoo

일본군 포대 터
Old Japanese Cannon

송송 마을
SONG SONG Village

베이뷰 호텔
Bayview Hotel

동항 East Harbor

포니야 곶 Poniya Point

파라다이스 가가니 리조트
Paradise Gagani Resort

서항 West Harbor

❶ 애즈 패리스
As Paris

❷ 피자리아
pizzaria

천 그루 야자수림
Senborn-Yashi

❸ 도쿄엔
Tokyo

❹ 로타 바비큐 하우스
Rota BBQ House

타이핑고트산
Mt. Taipinggot

❶ 코럴 가든 호텔
Coral Garden Hotel

❷ 발렌티노 호텔
Valentino Hotel

사이판 섬
Saipan Island

티니안 섬
Tinian Island

아구이한 섬
Aguijan Island

로타 섬
Rota Island

로타로 이동하기

● **프리덤에어 로타** 670-532-5005, 3800 **사이판** 670-288-8362, 8364
　　　괌 671-647-83652 www.freedomairguam.com

사이판-로타 구간을 하루 1~3회 운항한다.
①사이판-로타 : 오전 10시, 오후 6시(일요일은 오후 12:10 추가 운항)
②로타-사이판 : 오전 8시, 오후 4시 30분(일요일은 오후 10:30 추가 운항)
비행 시간 30분, 요금 편도 $109.5(어른 기준, 사이판 · 괌 동일)
※현지 사정에 따라 변경될 수 있으니 반드시 미리 확인하자.

로타에서 이동하기

로타의 유일한 대중교통은 전화로 불러서 이용하는 택시다. 공항과 호텔 간 이동은 호텔의 셔틀버스를 이용할 수 있으나 아무래도 렌터카를 이용하는 것이 편리하다. 공항에 세 회사의 렌터카 부스가 있다. 섬의 서쪽은 해안도로가 잘 포장되어 있지만 동쪽은 비포장 도로가 많으니 운전에 주의하자.

● **에이비스 AVIS** 670-532-2828 ● **버짓 렌터카** 670-532-3535 ● **아일랜드 렌터카** 670-532-0901

SIGHTSEEING

버드 생추어리

Bird Sanctuary

섬의 북동부에 있으며 로타 섬에서 서식하는 새들을 볼 수 있는 야생 조류 보호 구역이다. 전망대를 설치해 쉽게 새를 관찰할 수 있도록 했는데, 계단을 따라 내려가면 새들이 앉아 있는 정글을 조망할 수 있고, 시간대가 잘 맞으면 절벽으로 새들이 날아드는 장관을 관찰할 수 있다. 낮보다는 아침이나 저녁에 새를 관찰하기에 좋고, 일출 또는 일몰 때 더욱 멋진 광경을 볼 수 있다. 멀리 수평선이 훤히 보이는 전망이 시원하다.

지도 P.198-B
위치 로타 섬 사과가스 곶 옆. 공항에서 자동차로 약 10분

SIGHTSEEING

송송 전망대

Song Song Lookout

로타 섬의 남쪽에 있는 송송 마을을 한눈에 볼 수 있는 전망대이다. 멀리 보이는 웨딩 케이크 모양의 타이핑고트산과 아기자기한 송송 마을이 한데 어우러져 동화 같은 풍경을 자아낸다. 소방서나 경찰서, 학교 운동장 등 로타 섬의 유일한 다운타운 이곳저곳을 관찰할 수 있다. 섬의 남쪽 방향 타이핑고트산을 바라볼 때 양쪽으로 시원스럽게 펼쳐진 바다의 왼쪽은 태평양, 오른쪽은 필리핀해다.

지도 P.198-C **위치** 로타 섬의 남서쪽 송송 마을 가는 길에 위치, 공항에서 자동차로 약 20분

SIGHTSEEING

라테 스톤 채석장

Latte Stone Quarry

고대 차모로의 유적으로 타가 스톤 유적이라고도 불린다. 라테 스톤은 길쭉한 기둥 위에 반원구를 얹어 만든 것. 흥미로운 것은 이곳에서 발견된 라테 스톤과 티니안 섬의 타가 하우스에 남아 있는 라테 유적의 크기와 거의 같다는 것. 로타에서 채굴한 돌을 카누로 티니안까지 운반했을 것이라는 설이 유력하지만, 그 시대에 어떻게 거대한 돌을 티니안까지 운반할 수 있었는지에 대해서는 아직 밝혀지지 않았다.

지도 P.198-B **위치** 공항의 북동쪽에 위치, 공항에서 자동차로 약 15분

스위밍 홀

Swimming Hole

스위밍 홀은 수영장 모양으로 생긴 천연 풀이다. 짙은 바다를 바위와 산호초가 감싸주고 있는데, 바닥이 모래로 되어 있어 자연스럽게 천연 해수 풀장이 되었다. 바깥쪽의 파도가 치는 바다와 달리, 천연 풀 내의 바다는 평온하기만 해서 안전하게 수영을 즐길 수 있다. 하지만 바닥의 횡혈이 먼 바다로 이어지고 있으니 파도가 거친 날에는 조심하는 것이 좋다.

지도 P.198-A **위치** 로타 섬의 북부 해안에 위치, 로타 리조트 & 컨트리클럽 근처, 공항에서 자동차로 약 20분

포니야 곶

Poniya Point

로타 섬의 최남단에 위치했으며 바다낚시 포인트로 유명하다. 예전에 45kg 크기의 나폴레옹 피시가 잡힌 적이 있어, 낚시하기 좋은 철인 3~6월이 되면 많은 낚시꾼들이 몰린다. 비포장 길이고 외진 편이라 사전에 정보를 충분히 확인하고 가거나 호텔의 투어 등을 이용하는 것이 좋다. 바윗길을 걸어야 하므로 샌들은 피하는 것이 좋다.

지도 P.198-D
위치 로타 섬의 최남단에 위치, 공항에서 자동차로 약 20분

타이핑고트산

Mt. Taipingot

'웨딩케이크 산'이라는 별칭으로 잘 알려져 있는 타이핑고 산은 섬의 남서쪽 끝 송송 마을 아래에 있다. 해발 143m로 산 정상에 오르면 송송 마을과 로타 섬을 조망할 수 있지만 보통은 송송 전망대나 일본군 포대 터에서 웨딩케이크를 닮은 산의 모양만 바라보는 관광객이 더 많다. 웨딩케이크 산이라는 별명은 제2차 세계대전 때 미군들이 붙였다고 한다.

지도 P.198-C **위치** 로타 섬 남서쪽 끝에 위치, 공항에서 자동차로 20~30분

천 그루 야자수림

Senborn-Yashi

전쟁이 끝난 후 미국 정부에서 1천 그루의 야자나무를 심어 '천 그루 야자수림'으로 불리기 시작했다. 50여 년이 지난 지금은 그 개체수가 많이 줄었지만 마치 사열식을 하듯 질서정연하게 늘어서 있는 수백 그루의 야자수와 푸른 하늘의 대비는 여전히 인상적이다. 현지인들은 이곳을 산책 코스로 애용하기도 한다.

지도 P.198-C
위치 서항 근처에 위치, 공항에서 자동차로 15~20분

RESTAURANTS

퍼시피카 레스토랑 & 바
Pacifica Restaurant & Bar

로타 리조트 & 컨트리 클럽의 메인 레스토랑으로 현지의 신선한 해산물과 농산물을 이용한 것이 특징이다. 특히 호텔에서 직접 운영하는 농장에서 재배한 식재료를 사용한 요리를 맛볼 수 있으며 농장 방문도 가능하다. 스테이크와 시푸드 요리가 유명하며 런치는 파스타와 샌드위치 등 가벼운 요리가 주를 이룬다. 맵게 요리한 해물라면이나 김치찌개 등 한국 음식도 준비되어 있다.

지도 P.198-A **위치** 로타 리조트 & 컨트리 클럽 내
오픈 아침 07:00~09:30, 점심 11:00~14:00, 저녁 18:00~21:00
요금 스테이크 $28, 단품 요리 $15~, 디저트류 $5~, 맥주 $4~
전화 670-532-1155

> **Tip**
> ## 이밖의 레스토랑 정보
>
> ● **피자리아** Pizzaria
> **지도** P.198-C **위치** 송송 마을에 위치 **오픈** 10:30~21:30
> **요금** $17~ **전화** 670-532-7402
>
> ● **도쿄엔** Tokyo En
> **지도** P.198-C **위치** 송송 마을에 위치 **오픈** 11:00~14:00,
> 17:30~22:00(일요일은 오후 영업) **요금** 단품 $10~. 런치
> 스페셜 $9~ **전화** 670-532-1266
>
> ● **애즈 패리스** As Paris
> **지도** P.198-C **위치** 송송 마을에 위치 **오픈** 07:00~14:00,
> 18:00~22:00 **요금** 단품 $15~ **전화** 670-532-3356
>
> ● **로타 바비큐 하우스** Rota BBQ House
> **지도** P.198-C **위치** 송송 마을에 위치 **오픈** 월~금요일
> 06:00~23:00(주말은 예약 시 영업) **요금** 버거 $5~, 꼬
> 치구이 $1~ **전화** 670-532-2539

STAYING

로타 리조트 & 컨트리 클럽
Rota Resort & Country Club

로타의 유일한 특급 호텔로 북마리아나 제도의 여느 특급 호텔들과 달리 2층의 낮은 건물로 구성되어 고즈넉한 휴양지의 느낌을 제대로 살렸다. 모든 객실은 스위트룸으로 오션뷰, 가든뷰, 정글뷰로 나뉜다. 2베드룸과 4베드룸으로 구성되어 있어 가족 여행객도 편하게 머물 수 있으며 넓은 거실이 눈에 띈다. 호텔에서 비치까지 조금 멀지만 무료 셔틀버스를 운행해 불편함이 없다.

지도 P.198-A
위치 섬 중북부에 위치. 공항에서 자동차로 10분
요금 정글뷰 $250, 가든뷰 $270, 오션뷰 $280
전화 670-532-1155, 1688-3980(한국사무소)
홈피 www.rotaresortgolf.com

> **Tip**
> ## 이밖의 숙소 정보
>
> ● **베이뷰 호텔** Bayview Hotel
> **지도** P.198-B **위치** 송송 마을에 위치 **요금** 싱글 $45, 더블
> $50, 트리플 $60 객실 수 11개(오션뷰 5개) **전화** 670-532-
> 3414
>
> ● **코럴 가든 호텔** Coral Garden Hotel
> **지도** P.198-C **위치** 송송 마을에 위치 **요금** 더블 $59.4, 트
> 리플 $65.45 객실 수 13개 **전화** 670-532-3201
>
> ● **선라이즈 호텔** Sunrise Hotel
> **지도** P.198-B **위치** 송송 마을에 위치 **요금** $30(TAX 10%)
> 객실 수 6개 **전화** 670-532-0478
>
> ● **발렌티노 호텔** Valentino Hotel
> **지도** P.198-C **위치** 송송 마을에 위치 **요금** $59.4~ 객
> 실 수 13개(싱글룸 6개, 더블룸 7개) **전화** 670-532-8466,
> 670-888-8049

How to go
Saipan

사이판 여행 준비

How to go Saipan
여권 만들기

여권은 해외에서도 자신의 국적과 신분을 확인하고 인정받을 수 있는 중요한 해외 신분증으로 해외 여행을 계획한다면 가장 먼저 할 일은 여권을 만드는 것! 여권 유효 기간이 6개월 미만인 사람도 여권을 재발급받아야 한다.

여권의 종류

●복수 여권
횟수에 제한 없이 여행할 수 있는 여권으로 5년과 10년의 유효기간이 부여된다.

●단수 여권
1회에 한하여 여행을 할 수 있는 여권. 출국했다가 한국으로 돌아오면 유효기간이 남아 있더라도 효력이 상실된다.

여권 발급 구비 서류

신분증(주민등록증, 운전면허증, 공무원증, 신분증, 유효한 여권), 여권용 컬러 사진 1매, 여권 발급 신청서 1매, 여권 인지대(복수 여권 1만 5000~5만 3000원, 단수 여권 2만 원)

알뜰 여권

48쪽이던 여권의 면수를 반으로 줄이고 수수료도 3000원 할인한 여권. 무비자 협정국이 늘어나며 비자를 붙이는 일이 줄어든 요즘, 웬만큼 해외여행이나 출장이 잦은

사람이 아니라면 이용할 만하다.

여권 발급처

전국 도청, 서울시청, 광역시청, 구청에 있는 여권과에서 신청하고 발급받을 수 있다. 단, 여권 신청은 본인이 하는 것이 원칙이며 예외사항이 인정될 때만 대리인이 신청할 수 있다. 여행 시즌에는 여권을 신청하려는 사람들이 많으므로 인터넷으로 방문 예약을 하고 가면 편리하다. 여권 발급 신청서도 출력할 수 있으므로 미리 작성해서 가져갈 수도 있다.

※ 여권 발급처 조회 및 여권 접수 예약 passport.mofat.go.kr

> *Tip*
>
> 사이판은 비자 면제 프로그램이 적용되어 미국 비자 없이도 입국일로부터 45일간 체류가 가능하다. 단 비자 면제는 북마리아나 제도, 즉 사이판과 괌의 여행으로만 제한되며 과거 미국 입국 시 위법 행위가 없어야 한다. 사이판의 경우 사전에 전자 여행허가(ESTA) 신청을 할 경우 90일간 체류가 가능하다. 단, 여권 유효기간이 6개월 이상 남아있어야 한다. 주한 미국 대사관 02-397-4114 (korean.seoul.usembassy.gov)

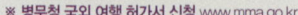

25~30세 병역 미필자의 여권

25~30세 병역 미필자의 경우에는 5년간 유효한 복수 여권과 단수 여권으로만 발급받을 수 있다. 또한 병무청에서 발행하는 국외 여행 허가서도 필요한데 현재는 인터넷으로도 간단하게 발급받을 수 있으며, 2일 정도 소요된다. 발급받은 서류는 여권 발급 신청 시 제출하면 된다.

※ 병무청 국외 여행 허가서 신청 www.mma.go.kr

D-day 40

How to go Saipan
항공권 예약하기

우리나라에서 사이판까지 가는 직항 항공편은 아시아나항공, 진에어, 제주항공, 이스타항공, 티웨이항공이 있다. 자세한 항공편과 항공권 구매법을 알아보자.

사이판으로 가는 항공권

사이판으로 가는 직항 항공편

항공사	출발지	운항횟수	기내식	마일리지 또는 포인트	홈페이지
아시아나항공	인천	매일 1회	있음	아시아나 마일리지 (스타얼라이언스 가입 가능)	http://flyasiana.com
	김해	매일 1회			
진에어	인천	매일 1회	없음	나비 포인트	http://www.jinair.com
티웨이항공	인천	주 5회	없음	없음	https://www.twayair.com
이스타 항공	인천	매일 1회	없음	없음	https://www.eastarjet.com
제주항공	인천	매일 2회	없음	JJ Club	http://www.jejuair.net
	김해	주 4회			

※ 항공편 정보는 2017년 7월 기준이며, 항공 취항 스케줄은 비·성수기에 따라 달라지니 각 항공사 홈페이지를 먼저 확인하자.
※ 기내식이 기본으로 제공되지 않는 경우, 사전 예약이나 기내 요청을 통해 유료 기내식을 먹을 수 있다.

항공권 구매하기

이들 노선의 항공권은 직접 항공사의 홈페이지나 전화를 이용해 구매하거나, 여행사 혹은 항공권 예약 사이트를 통해 구매하는 방법이 있다. 여행사나 대행사를 통할 경우 해당 항공사에서 구매하는 경우보다 저렴한 편이다. 하지만 여유 좌석 확보가 어려워 대기해야 하는 경우가 빈번하며 일정 변경이 불가능하거나 마일리지 적립이 안 되는 등의 불리한 조건인 경우가 많으니 반드시 꼼꼼히 확인해야 한다. 자세한 스케줄은 각 항공사 홈페이지를 참조할 것.

Tip

항공권 예약 사이트

- 온라인 투어 www.onlinetour.co.kr
- 투어 익스프레스 www.tourexpress.com
- 투어 캐빈 www.tourcabin.co.kr
- 인터파크 air.interpark.com
- 몽키트래블 www.monkeytravel.com
- 스카이 스캐너 www.skyscanner.co.kr

D-day 30

How to go Saipan
호텔 · 투어 예약하기

숙소를 예약할 때에는 해당 숙소 홈페이지에서 직접 예약하는 방법과 호텔 예약 전문 여행사를 통해 예약하는 방법이 있다. 직접 예약의 경우 다양한 패키지와 프로모션의 혜택을 누릴 수 있는 장점이 있지만 가격이 비싼 경우가 많다. 예약 전문 여행사를 통하는 것이 가격적인 면에서는 유리한 편이다.

숙소 · 투어 예약이 가능한 웹사이트

● 한인 여행사 및 호텔 예약처

예스 투어 Yes Tour
사이판 현지에 있는 여행사로 투어, 가이드, 공항 픽업 등 사이판 여행의 모든 것을 책임진다. 한국인이 운영을 하기 때문에 의사 소통이 편리하고, 최저가 옵션 투어를 보장한다.

전화 670-233-1413 홈피 saipan_lgtour04@hotmail.com

에어텔닷컴 Airtel.com
사이판을 비롯해 동남아 여러 지역의 항공과 뜨는 호텔을 결합한 에어텔 상품을 선보이는 곳이다. 더불어 현지에서 할 수 있는 투어에 대한 안내와 알찬 여행 정보도 제공한다.

전화 02-326-0739 홈피 http://airteltour.com

모두투어 사이판 Modetour Saipan
여행자들에게 잘 알려진 곳으로 다른 설명이 필요 없다. 사이판 현지에서 여행자들에게 밀착 서비스를 하고 있으며, 별빛 크루즈 등 새로운 프로그램을 만들어 제공한다.

사이판 지사
전화 670-234-7288, 670-235-7288
홈피 www.modetour.com

코코넛 팩토리 Coconut Factory
괌, 사이판 전문 여행사로 항공, 호텔, 투어, 렌터카 등 사이판 여행을 전부 맡길 수 있다. 특히 사이판 인근에 있는 아름다운 섬 로타 전문으로 하며, 로타에 들어가는 경비행기, 숙소, 투어 등을 합리적인 가격에 이용할 수 있다.

전화 032-511-8678
홈피 www.cocofac.com

트래블 수 Travel Su
여행작가가 운영하는 여행 컨설팅 회사로 작가가 직접 경험한 사이판의 숙소, 레스토랑, 볼거리, 즐길거리를 바탕으로 여행자와 상담을 통해 1:1 맞춤 여행을 디자인해준다.

전화 031-656-5522, 070-4280-5577 홈피 http://travelsu.kr

● 기타 호텔 예약 사이트

아고다 Agoda www.agoda.co.kr
호텔패스 Hotelpass www.hotelpass.com
익스피디아 Expedia www.expedia.co.kr

How to go Saipan
여행 정보 수집하기

시시각각 변하는 사이판의 현지 정보는 가이드북뿐만 아니라 인터넷 사이트를 활용해 얻을 수 있다. 특히 온라인에는 가이드북에 미처 담지 못한 여행자의 따끈따끈한 현지 정보와 여행 후기가 있다. 마리아나 관광청(사이판) 홈페이지에서 공식적인 정보를 확인하고, 인터넷 여행 카페에서 호텔과 투어 예약 정보 등을 얻는 것도 도움이 된다.

마리아나(사이판) 관광청
www.mymarianas.co.kr

사이판, 티니안, 로타 여행의 정보를 얻을 수 있는 곳이다. 현지 업소의 이벤트 등을 매월 뉴스 레터를 발행해 전하므로 최신 소식을 접하기 좋다.

트립어드바이저
www.tripadvisor.com

전 세계 여행자들이 가장 많이 이용하는 리뷰 사이트. 인기 있는 호텔들을 살펴보고 싶을 때 도움이 된다. 최근에 한국어 서비스도 제공하기 시작했다. 전 세계 여행자가 이용하다 보니 우리와 시각이 다른 점에 유의하자.

사이판 자유여행 길잡이
cafe.naver.com/wikicraft

인터넷 온라인 카페로 운영자와 회원들이 올리는 사이판의 정보가 풍성한 곳이다. 특히 실속 있는 사이판의 옵션 투어 정보가 많다.

사이판 다이빙
www.saipandiving.co.kr

사이판에서 다이빙을 꿈꾸는 여행자라면 꼭 확인해야 할 곳이다. 사이판 현지 업체로 다이빙 정보가 체계적으로 정리돼 있고, 이용자들의 리뷰가 많다. 한국인이 운영하기 때문에 예약 및 질문하는 데 편리하다.

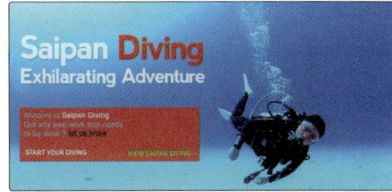

D-day 7

How to go Saipan
면세점 쇼핑하기

해외여행을 나갈 때만 이용할 수 있는 것이 바로 면세점 쇼핑. 세금이 면제된 상품을 구입할 수 있는 면세점은 시중가보다 20~30% 낮은 가격에, 각종 할인 쿠폰 등이 적용되어 저렴하게 구입할 수 있다.

면세점 종류

● 도심 면세점
시내에 위치한 면세점으로 직접 방문해서 쇼핑한다. 실물을 보면서 쇼핑할 수 있어 편리하다. 출국 당일 공항 면세점을 이용하는 것보다 한결 여유 있다. 대부분 영업 시간은 21:00까지.

● 온라인 면세점
온라인 면세점 쇼핑은 시간과 장소에 구애받지 않는 게 장점. 여행 준비에 쫓겨 시간이 부족한 여행자나 지방 거주 여행자에게 유리하다. 면세점 홈페이지에 회원 가입하면 곧바로 사용할 수 있는 할인 쿠폰도 따라온다.

● 공항 면세점
출국 심사를 마치고 난 다음부터는 모두 공항 면세점 구역이다. 도심 면세점이나 온라인 면세점을 이용하지 못했다면 이곳에서 원하는 상품을 찾아보자. 그 자리에서 바로 구입하고 물품을 인도받을 수 있어 편하다.

Tip

주요 면세점

● 동화면세점
주소 서울시 종로구 세종로 광화문 빌딩 211 지하 1층
전화 02-399-3000
홈피 www.dutyfree24.com

● 롯데면세점(소공점)
주소 서울시 중구 소공동 1 롯데백화점 본점 10층
전화 02-759-8360
홈피 www.lottedfs.com

● 신라면세점
주소 서울시 중구 장충동 2가 202
전화 02-2230-3662
홈피 www.shilladfs.com

● 워커힐면세점
주소 서울시 광진구 광장동 산21 워커힐 호텔
전화 02-450-6350
홈피 www.skdutyfree.com

● 롯데면세점(부산점)
주소 부산시 부산진구 부전동 503-15, 롯데백화점 부산점 7~8층
전화 051-810-3880

● 신라면세점(부산점)
주소 부산시 해운대구 해운대해변로 296 (중동)
전화 1577-0161

How to go Saipan
환전하기

사이판에서는 모두 미국 달러(USD)를 사용한다. 현지에서는 호텔이나 DFS T 갤러리아를 비롯한 일부 면세점, 시내 은행 등에서 쉽게 환전이 가능하다. 단, 환율이 조금 비싸게 적용되는 편이므로 미리 준비하고, 현지에서 추가 환전하기보다는 ATM에서 현금 인출이나 신용카드의 현금서비스를 이용하는 것이 더 저렴할 수 있다.

국제 현금카드 만들기

국제 현금카드를 만들면 필요할 때마다 ATM에서 현지 화폐로 찾아 쓸 수 있어서 편리하다. 국제 현금카드마다, ATM을 운영하는 현지 은행마다 조금씩 다르지만 보통 ATM에서 1회 $200 이하로 찾을 수 있으며 1일 한도액은 $600이다. 단, 신용카드와 달리 물건을 직접 구입할 수는 없다.

인터넷 환전

인터넷 환전은 미리 은행에 방문하는 번거로움 없이 편리하게 환전을 신청할 수 있다. 거래 은행의 인터넷 뱅킹으로 환전할 수 있는데 시간도 절약될 뿐만 아니라 환전 우대를 받을 수 있다. 환전한 금액은 원하는 지점이나 해당 은행의 공항 지점에서 수령이 가능하다. 단, 반드시 통장에 잔고가 있어야 한다.

현지에서 ATM 이용하기

국제 현금카드를 만들어 왔지만 막상 외국에 나가 낯선 언어가 적힌 기계 앞에 서면 당황하기 쉽다. 현지 ATM을 이용해 현금 인출하는 방법을 간단히 정리해보았다.

현지에서 ATM 이용하기

1 ATM에 사용 가능한 카드의 종류가 명시되어 있는지 체크한다.(Visa, Master, Cirrus, Plus 등)

2 카드를 화살표 방향으로 밀어 넣는다.(Please, insert your card)

3 비밀번호를 입력한다. (Enter your pin number)

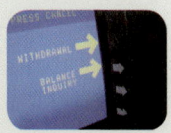

4 현금 인출 버튼을 선택한다.(Withdrawal Cash 선택)

5 원하는 금액만큼 숫자를 입력한다.

6 사용 시 수수료가 부가된다는 내용에 동의하면(YES 버튼 선택), 현금이 인출된다. 동의하지 않는 경우(NO 버튼 선택), 인출이 중단된다.

Tip
환전 수수료를 할인받을 수 있는 우대쿠폰을 꼭 챙기자. 국내 은행의 홈페이지, 혹은 여행사의 홈페이지 등에서 쉽게 다운받아 프린트할 수 있다.

D-day 2

How to go Saipan
짐 꾸리기

이제 출국 전 마지막 단계인 짐 꾸리기. 아래 목록을 보고 빠진 것이 없는지 다시 한 번 확인하자.

종류	세부 항목	확인	비고
여권과 여행 경비	여권		●여권 분실에 대비해 여권 사본과 여권 사진 2매를 반드시 준비한다.
	여권 사본과 여권 사진		
	항공권(항공권 사본)		
	여행 경비		
	신용카드		
	마일리지 적립 카드		
	여행자 보험		
의류	긴 바지		●일교차와 과도한 냉방에 대비해 긴팔 상의 하나쯤 준비하자. ●드레스 코드가 있는 식당이나 바에 갈 계획이 있으면 남성은 칼라가 있는 셔츠와 구두, 여성은 원피스와 끈 달린 샌들을 준비하는 것도 좋겠다.
	긴 소매 상의		
	반바지		
	반소매 상의		
	속옷		
	수영복		
	모자		
	선글라스		
	슬리퍼		
세면도구와 화장품	치약 & 칫솔		●대부분의 호텔에 세면도구는 비치되어 있지만 저가 숙소에 묵거나 자신에게 맞는 브랜드가 따로 있다면 준비하자.
	비누 & 샤워 타올		
	샴푸 & 린스		
	면도기		
	빗		
	손톱깎이		
	화장품(선크림)		
	물티슈		
의약품	지사제		●특히 노약자나 어린이를 동반했을 경우 음식이나 물로 인한 배탈에 대비해 소화제, 지사제를 꼭 준비하자.
	소화제		
	감기약		
	반창고		
카메라와 노트북	카메라		●여행의 추억을 간직할 카메라와 여행 기간에 맞는 메모리, 충전기 등도 반드시 체크하자.
	카메라 액세서리		
	노트북		
기타	필기구		●여행자에게는 친구나 다름없는 가이드북과 읽을 책도 챙기자. ●젖은 빨래 등을 보관할 수 있는 지퍼락 등의 비닐백도 유용한 아이템이니 준비하자.
	가이드북		
	책		
	MP3		
	보조 가방		
	비닐백(지퍼락 등)		
	기호식품(고추장 등)		

How to go Saipan
출국하기

국제선에 탑승하기 위해 공항에 갈 때는 시간적 여유를 두고 일찍 출발하는 것이 좋다. 일반적으로 출발 2~3시간 전에 도착해야 공항에서 필요한 절차를 무리 없이 처리할 수 있다.

인천국제공항으로 가는 교통편

한국 최대의 공항인 인천국제공항. 이곳으로 가는 일반적인 방법은 공항버스나 공항철도를 통해 이동하는 것이다. 공항버스는 서울과 수도권은 물론 전국 각지에서 연결되어 가장 많이 이용하는 이동 수단이다. 공항철도는 서울역과 지하철 1·2·4·5·6·9호선과 연결되어 편리하게 이동할 수 있다.

● 공항버스
가장 보편적으로 이용하는 교통수단으로 일반 공항 리무진버스부터 고급 리무진버스, 시내버스, 시외버스 등을 이용해 인천국제공항으로 갈 수 있다. 인천국제공항 홈페이지(www.iiac.co.kr/airport/traffic/bus/busList.iia)를 참고하면 지역별 버스 노선과 요금을 확인할 수 있다. 지방행 버스는 인터넷 예매(www.airportbus.or.kr)가 가능하니 미리 웹사이트를 통해 체크하자.

● 공항철도
비교적 저렴한 요금으로 지하철과 서울역을 연계해 이용하기 편리하다. 서울역에서 출발해 공덕, 홍대입구, 디지털미디어시티, 김포공항, 계양을 거쳐 인천국제공항까지 간다. 일반열차로는 약 53분, 직통열차로는 약 43분 소요된다. 아시아나항공·대한항공 이용객은 서울역에 위치한 도심공항터미널에서 탑승수속이 가능하다. 자세한 사항은 코레일 공항철도 홈페이지(www.arex.or.kr)를 확인하자.

● 승용차
이동 시 인천국제공항 고속도로를 이용하면 된다. 고속도로 통행 요금을 지불해야 하며, 자동차를 공항에 주차하려면 주차 비용을 내야 한다. 주차 관련 요금은 인천국제공항 홈페이지(www.airport.kr)를 참고하면 된다.

김해국제공항으로 가는 교통편

김해국제공항은 주로 부산을 비롯한 경상도 지역의 여행자들이 이용하는 공항이다. 일반적으로 공항버스나 택시를 이용해 공항으로 간다.

● 공항리무진
남천동, 해운대(1번 노선 : 해운대 특급 호텔-김해국제공항, 2번 노선 : 해운대 신시가지-김해국제공항)
서면, 부산역(충무동-남포동-연안여객터미널-중앙동-부산역-부산진역-서면 롯데 호텔-김해국제공항)

● 지하철
대저역(3호선) 또는 사상역(2호선)에서 공항역(부산-김해경전철) 환승

겨울철 두꺼운 외투를 보관·택배 서비스해주는 시설

● **한진택배 수하물 보관소 :** 동측(체크인 카운터 B)
전화 032-743-5804 **운영 시간** 06:00~22:00
● **대한통운 수하물 보관소 :** 서측(체크인 카운터 M)
전화 032-743-5306 **운영 시간** 07:00~22:00
● **크리스탈세탁소 :** 인천국제공항 교통센터 지하 1층 우리은행 뒤편
전화 032-743-2500 **운영 시간** 08:00~20:00

출국 절차

인천국제공항 도착 → 카운터 확인 → 탑승 수속, 짐 부
치기 → 세관 신고 → 탑승구 통과 → 보안 검색 → 출국
심사 → 면세 구역 → 비행기 탑승

● 탑승 수속 카운터 확인
출발 층에 도착하면 먼저 운항 정보 안내 모니터에서 탑
승할 항공사명을 확인한다. 항공사별로 알파벳으로 구분
된 탑승 수속 카운터(A~M)를 확인하고 해당 카운터로
이동해 탑승 수속을 하면 된다.

● 탑승 수속과 짐 부치기
항공사 탑승 수속은 보통 출발 2시간 30분 전부터 시작
된다. 탑승 수속은 항공 출발 시각까지 하는 것이 아니라
출발 40~50분 전에 마감되니 주의해야 한다. 카운터에
서 여권과 예약 항공권(혹은 전자 티켓)을 제시하면 탑승
게이트와 좌석이 적혀 있는 탑승권(보딩 패스 Boarding
Pass)을 받는다. 예약 항공권(혹은 전자 티켓)은 귀국편
수속에도 사용하니 잘 보관해야 한다. 짐을 부치고 나면
수하물 증명서(배기지 클레임 태그 Baggage Claim Tag)
를 받는다. 만일 짐이 없어졌을 때 유일한 단서가 되니 짐
을 찾을 때까지 수하물 증명서를 잘 보관해야 한다.

● 세관 신고
미화 1만 달러 이상을 소지하고 있다면 출국하기 전 세
관 외환 신고대에서 신고하는 것이 원칙이다. 여행 시 사
용하고 다시 가져올 고가품을 소지하고 있다면 '휴대 물
품 반출 신고(확인)서'를 받아두는 것이 안전하다. 세관
신고할 물품이 없으면 곧장 국제선 출국장으로 이동하면
된다.

● 보안 검색
가까운 국제선 출국장으로 들어가 보안 검색을 받으면 된
다. 이때 여권과 탑승권을 제시해야 하며 검색대를 통과
할 때는 모자를 벗고 주머니도 모두 비우고 가방 등을 엑
스레이로 투시하며 통과하게 된다. 화장품이나 음료수 등

의 액체나 젤, 칼 등의 물품은 압수당할 수 있으니 주의해
야 한다.

● 출국 심사
보안 검색대를 통과하면 바로 출입국 심사대가 나온다.
여권과 탑승권을 제시하고 출국 심사를 받고 통과하면 된
다.

● 면세 구역
출국 심사가 끝나 여권에 도장을 받으면 형식적으로는 한
국을 떠난 셈이 되며 세금을 내지 않고 쇼핑할 수 있는 면
세 구역에 들어서게 된다. 한국에 들어올 때는 이용하지
못하는 면세점이니 필요한 물건은 여기서 미리 사두자.
또 시내 면세점이나 인터넷 면세점을 통해 구입한 물건이
있다면 면세 구역 내의 면세점 인도장에서 전달받는다.

Tip
출국장 이동 전 확인할 것

☐ 여행자보험에 들지 않았다면, 여행 중 혹시 모를 불
의의 사고를 대비해 출국장 이동 전 가입해두자.
☐ 한국 휴대폰을 로밍할 계획이라면 공항 내 통신사
부스에 문의하거나 요청하면 된다.
☐ 면세 구역 내에서도 환전할 수 있지만 현금을 출금
할 수는 없다. ATM에서 현금을 출금해 환전해야 한
다면 출국장으로 이동하기 전에 해야 한다.

● 비행기 탑승
항공기가 대기하는 탑승구(Gate)에 적어도 출발 시간 30
분 전까지 도착해야 한다. 공항이 크고 가끔 변경 사항도
있어 탑승구까지 시간이 많이 걸릴 수도 있다. 특히 외국
항공사를 이용한다면 셔틀 트레인을 타고 이동해 별도의
청사에서 보딩하기 때문에 게이트까지 이동 시간을 여유
있게 잡아야 한다.

사전 좌석 예약제

항공권 구매 완료 후 해당 항공사 홈페이지에서 사전 좌석 배정 서비스를 이용할 수 있다. 로그인 후 항공기 도면을 보면서 원하는 좌석을 미리 예약할 수 있는 서비스다. 단, 단체 여행객이나 공동 운항기의 경우 서비스에 제한이 있다. 출발 1시간 전까지 탑승 수속을 마치지 못하면 좌석 예약이 취소된다. 각 항공사 홈페이지를 통해 자세한 내용을 확인하자.

- 대한항공 홈피 http://kr.koreanair.com
- 아시아나항공 홈피 http://flyasiana.com

자동 체크인 키오스크 Self Check-in Kiosk를 이용한 셀프 체크인

대한항공과 아시아나항공을 비롯한 8개 항공사를 이용하는 경우에는 키오스크를 이용해 탑승 수속을 할 수 있다. 긴 줄을 서서 기다릴 필요 없이 간단하게 체크인을 할 수 있다는 장점이 있다. 각 항공사의 카운터 옆에 키오스크가 있으며, 키오스크 전용 수하물 위탁 창구가 있다. 키오스크 기기 화면의 지시에 따라 항공사 선택 → 여권 인식 → 좌석 배정 및 탑승권 발권의 절차를 거쳐 체크인을 마친 후 수하물을 부치면 된다. X-ray 검사를 마칠 때까지 5분 정도 대기한 후에 이상이 없으면 출국장으로 이동한다.

서울역 도심공항터미널 탑승 수속

서울역–인천국제공항 철도 구간이 개통됨에 따라 인천국제공항 직통열차를 이용하는 경우 탑승 수속 및 수하물 탁송을 서울역 도심공항터미널에서 처리할 수 있어 편리하다. 항공기 출발 3시간 전에는 탑승 수속을 완료해야 하며, 인천국제공항에서는 별도의 출국 수속 없이 전용 통로를 통해 탑승구로 들어갈 수 있다. 탑승 수속(05:20~19:00) 및 출국 심사(08:00~19:00) 시간 내에서만 이용이 가능하며 일부 항공사만 해당된다.

- 서울역 도심공항터미널(코레일공항철도) 전화 032-745-7788
- 한국도심공항 전화 02-551-0077

인천공항의 긴급 여권 발급 서비스

여권 재봉선이 분리되거나 신원 정보지가 이탈되는 등 여권의 자체 결함이 있거나 여권 사무 기관의 행정 착오로 여권이 잘못 발급된 사실을 출국 당시에 발견한 경우, 또는 국외의 가족 또는 친인척의 사건·사고로 긴급히 출국해야 하거나 기타 인도적·사업적 사유가 인정되는 경우에는 긴급 여권 발급 서비스를 이용할 수 있다.

1년 유효기간의 긴급 단수 여권이 발급되며 발급 시간은 1시간 30분 정도 소요. 여권 발급 신청서와 신분증, 여권용 사진 2매, 최근 여권, 신청 사유서, 당일 항공권, 긴급성 증빙서류, 수수료 등의 제출서류가 필요하다.

- 외교부의 인천공항 영사 민원 서비스 센터
  위치 인천국제공항 3층 출국장 F카운터 쪽
  운영 09:00~18:00, 법정 공휴일 휴무
  전화 032-740-2777~8

특별 기내식 및 키즈밀 신청

특별 기내식은 회교도식, 채식, 당뇨식 등이 있으며, 유아를 위한 키즈밀도 있다. 아동식의 경우 만 12세 미만의 아이들이 선호하는 메뉴를 준비하여 사이판 지역의 여행객들이 자주 이용한다. 아시아나 항공의 경우 출발 24시간 전까지 예약센터(1588-8000)에서 주문 가능하다.

자동 출입국 심사 서비스

사전 등록 절차를 거치면 일반 유인 심사보다 빠르게 출입국 심사를 받을 수 있다. 17세 이상 주민등록증 발급자면 여권 유효 기간 만료일 전일까지 누구나 이용할 수 있다. 여권을 인식한 후 지문 인증 → 얼굴 촬영을 거쳐 심사를 완료할 수 있다. 사전에 지문 등록 및 사진 촬영을 마쳐야 하며, 등록센터(07:00~19:00, 032-740-7400~1)는 여객터미널 3층 체크인 카운터 F구역 앞에 있다. 물론 출국심사장에서도 등록이 가능(08:00~20:00)하다.

수하물 관련 유의사항

① 1인 수화물 무게는 항공사마다 조금씩 다르지만 보통 20kg까지 허용된다. 초과할 경우 추가 요금이 있다.
② 기내 반입 가능 물품 : 여권, 항공권, 현금, 책, 노트북, 카메라 등
③ 기내 반입 불가능 물품 : 100mℓ 이상의 액체류와 젤류, 에어졸 물질, 라이터, 건전지, 손톱깎이, 눈썹용 가위 등

INDEX

ㅎ

숫자 · 영문

사이판
미니 × **100배** 즐기기

초판 1쇄 2017년 7월 20일

지은이 성희수

발행인 양원석
본부장 김순미
편집장 고현진
책임편집 최혜진
디자인 RHK 디자인팀 이경민
해외저작권 황지현
제작 문태일
영업마케팅 최창규, 김용환, 이영인, 정주호, 양정길, 박민범, 이선미, 이규진, 김보영, 임도진

펴낸 곳 (주)알에이치코리아
주소 서울시 금천구 가산디지털2로 53 한라시그마밸리 20층
편집 문의 02-6443-8892 **구입 문의** 02-6443-8838
홈페이지 http://rhk.co.kr
등록 2004년 1월 15일 제 2-3726호

ⓒ 2017 성희수

ISBN 978-89-255-6207-0(13980)